從人類飛出地球的那天開始

研發火箭、登月行動、前進宇宙、航太漫遊
這是一本人類至今的太空探索成果報告，請過目！

聯為何沒有登上月球？恆星總有一天會結晶成鑽石星球？
情要從人類飛出大氣層的那天開始說起……

只能仰望星空到可以俯瞰地球，人類到底做了多少努力？
本書帶你綜覽太空探索的簡史！

張天蓉 著

目錄

引言　亮劍太空

第一章　火箭研發

第二章　登月之路

第三章　星海拾貝

第四章　航太漫談

參考文獻

引　　言
亮劍太空

從地球走向太空，是人類文明的一大進步。

飛天夢是人類自古以來就有的夢想。希望能像鳥一樣自由自在地在空中飛翔，是航空夢；到月亮上，進而探索莽莽河漢和浩瀚神祕的太空，是太空探險夢。這兩類夢想吸引無數英雄競相折腰，甚至為此犧牲，但人類仍然前仆後繼，勇往直前。

航空和太空探險，起源一致，但因理論和技術不同而分家，本書描述的是太空探險，而非航空。

人類自古不缺太空探險夢，從「嫦娥奔月」的神話想像，到「萬戶飛天」的身體力行，歷史文化中均有傳說和記載，甚至現代太空探險必不可缺的火箭技術，也源自於祖先的偉大發明。

20 世紀中葉開始的美蘇「冷戰」，把人類拉進了太空時代。從 1958 年蘇聯發射第一顆人造衛星開始，人類探索太空的腳步已經走了 60 多年的歷程。奔赴太空半個多世紀，托起人類千古一夢。其中不僅有科學家求知慾的滿足，也伴隨著時代變革的風風雨雨。從美蘇兩個超級大國在第二次世界大戰之後的人才爭奪戰開始，太空探險方面的科學技術發展迅猛，各國紛紛在太空亮劍，掀開了在科學、技術、軍事、政治各領域的全面競爭。這其中有成功的喜悅，也不乏失敗的教訓。

世界各國以千億、萬億資金投入，數萬人辛勤勞動以至付出生命代價的「太空探險工程」，為人類文明做了些什麼？人類對太空的眾星系有何更深入的了解？如今，借助於現代的高科技，我們該如何重新解讀太陽系和銀河系？如何認知太空中那些遙遠且形形色色的神祕天體？太空的探索與開發又怎麼改變人類的生活和思維方式？此外，在滿天繁星及太空探祕的背後，隱藏著哪些基本又有趣的物理知識？這些是本書作者希望引領讀者思考解決的問題。

然而，宇宙茫茫，星辰無數。除了億萬的自然天體之外，幾 10 年來，人類發射至太空的人造天體也已經上萬！因此，作者不可能面面俱到，只能帶領你在這個巨大星海旁的沙灘上，拾取幾顆美麗的貝殼。透過一些典型事例的介紹，讓讀者對基本太空探險知識，以及其中的物理原理有所了解。同時，也透過介紹人類太空探險史上一些妙趣橫生和震撼人心的故事，使讀者了解人類太空探險的簡要歷史輪廓。從古代的飛天傳奇，到世界各大國之間的太空爭奪戰，說明太空探險工程對人類文明社會的重要性。

也許有人會說，天上的星星固然美麗迷人，但離我們太遙遠。登陸月球、火星，那都是科學家和太空探險人員思索的事，與我們的日常生活有什麼關係呢？這實際上是對天文學及太空探險事業的誤解，姑且不談「理想」、「夢想」之類長遠而抽象的話題，太空中發生的很多事，是與人類生存息息相關的。天上的星星並非遙不可及，它們的運動和變化，無時無刻不影響我們的生活。

在美蘇太空競賽的年代，美國總統詹森（Lyndon Baines Johnson）說過：「控制了太空，便有能力控制天氣、乾旱和洪水，改變潮汐、提高海平面……這是比終極武器更重要的東西，這是從太空某處達到完全控制地球的最終目的。」

詹森這段話的意思就是，控制了太空，便意味著控制了世界的未來。

誰不願意控制未來呢？誰都不希望未來被別人控制！這就是為什麼

世界各國都想發展太空探險事業，都紛紛想加入這個「太空俱樂部」中來分一杯羹。發展太空探險事業，將自己的國力展示他人，也亮劍於太空，這是現今每個大國的願望和共識。

現今的太空探險領域，已經不僅僅是美、俄兩國之爭。美國對太空的興趣一如既往，近幾年的探索重心已大大超出月球。而世界上許多國家也都紛紛宣布自己的太空探索計畫。俄羅斯的太空探險計畫停滯多年後，正在艱難重啟；日本將與美國合作載人登月項目；歐洲的太空探險計畫因金融危機擱置，但希望參與俄羅斯的月球探測項目；印度一直都關注太空探險事業的發展，以自主研發顯示其大國雄心，探索太空的步伐也從未停止。中國向來重視太空探險事業，從 1970 年發射第一顆人造地球衛星（「東方紅 1 號」），在太空響起「東方紅」開始，「長征」號運載火箭、神舟載人飛船、北衛星導航系統，還有「天宮」、「嫦娥」和「玉兔」，一系列太空探索計畫步步緊跟。太空探險時代已經到來，太空離我們並不遙遠！

沒有一門科學像「太空探險」這樣充滿幻想色彩。除了古代各種神話故事外，近現代的許多天文學家也都寫過科幻作品。太空探險科學的先驅者們，更是熱衷於將他們的太空探險想法，用科幻的形式表達出來，以便得到廣大民眾的認同。早在 400 多年前，天體力學的祖師爺，大家熟知的克卜勒（Kepler，1571 ～ 1630）就寫過一本既像科幻又像科學專著的作品（以《夢》為題發表），描述他想像中的星際之旅。

太空探險相關的科幻作品與天文、物理方面的科學論文，如同糾纏在一起的兩條環繞線，在互相促進和影響下前進。從克卜勒之後，特別是哥白尼的日心說站穩地位、牛頓又建立了古典力學（classical mechanics）之後，西方有關太空探險的科幻小說可以列出一大串。1657 年，法國作家凡爾納出版的科幻小說《月球之旅》中，已經非常超前地討論了七種登月的方法，前六種都失敗了，只有第七種「爆竹產生的煙火」成功了。凡爾納並非科學家，卻偶然地預言了牛頓直到半個世紀後才總結出的「作用力與反作用力原理」。在阿西爾．埃羅（Achille Eyraud）於 1865 年出版的《金星之旅》（*Voyage to Venus*）中，主角也發明了一種利用水的反作用力將飛船推入太空的動力裝置。作者在書中還用手槍的後座力來生動地說明反作用力的由來。從原理上來說，現代的火箭和書裡的「水箭」並沒有本質上的差別，只不過是噴射的物質不同罷了。當年文學作品的想像力大大超越了科學技術能達到的現實，更為可貴的是，17 ～ 18 世紀的科幻作家們，在其作品中表現出的那種認真思考科學原理的求實精神。

如今，在現代新一輪的太空探險競賽中，怎樣才能發揮各國現有的優勢，盡快縮小與先進國家的差距，走出自己獨特的太空探險技術之路呢？這其中除了專業人士的努力外，廣大民眾的理解與支持也必不可少。因此，向大眾科普太空探險知識，讓民眾能更熟悉太空、了解太空探險，是科學工作者的任務，也是本書作者的初衷。

航太學是一門有趣的學科，但實際的工程發射過程卻充滿危險和挑戰，特別是載人的太空探險。太空畢竟是一個與人類地球家園迥異的環境，我們要適應太空、克服人體的各種不良反應等，對此，科學家們做了許多研究。此外，載人的太空船，其發射和返回過程危險性很大，太空探險史上有過幾次大事故，作者也會加以介紹，讓人們能以此為鑑。

迄今，因為太空船的速度所限，現代的太空探險技術主要只是探索太陽及太陽系中的八大行星。因此，作者僅對太陽系幾個主要行星及它們的幾個典型有趣的衛星物理規律和特點做基本介紹，帶領讀者星海拾趣。人類最感興趣且去探測的是哪些星球？為什麼對它們特別看待？哪幾個星球與地球的環境最為類似？在這些天體上是否探測到任何生命存在的跡象？如果地球突然發生大災難，人類有移民其他星球的可能性嗎？

此外，現今飛得最遠的「航海家」1 號探測器（Voyager 1）被認為剛抵達太陽系的邊界。但透過望遠鏡，人類卻已經觀察到了廣博的宇宙。作者也將對哈伯太空望遠鏡（Hubble Space Telescope）及韋伯太空望遠鏡（James Webb Space Telescope）略作介紹。

為了增加可讀性，作者以「二戰」後美蘇的太空競爭為線索，插入一些當事人和研究者的逸聞趣事，再將太空探險方面的科學技術發展穿插其中，讀故事、長知識，讓讀者在輕鬆閱讀故事的過程中，學習太空探險知識。

十分有趣的是，除了人類社會中的各個大國在進行太空爭奪戰之外，宇宙中的各個天體雖然本是沒有意識的非生命之物，它們之間卻似乎也在進行爭鬥。從物理學的視角來看，宇宙間存在四種基本交互作用，其中強交互作用和弱交互作用只在微觀的範圍內產生作用，它們可以影響每個星體內部結構中的物理過程，但與天體之間的運動關係不明顯。其他兩種力：引力和電磁力，都是長程力，對天體的交互運動產生重要的作用。宇宙中大大小小、形形色色的天體運用它們各自的引力和電磁力，像是在互相搶地盤，大星吞小星、小星撞大星，用物理規律展開一場無言的戰爭。對此，作者描述了宇宙中一幅十分有趣的物理圖景。

該書的讀者可定位在各個領域的大學生、碩博士生，對天文學、太空探險、物理學等感興趣的國、高中生等。然而，太空探險技術及其探索目標——「太空」之謎，對各個階層和領域的讀者，都具有極大的誘惑力。本書沒有數學公式，因而適合所有愛好科學的廣大讀者閱讀，包括各年齡層的文科讀者。

本書作者既是物理學者，又是科普作家，物理概念清晰，文字功底深厚，表述深入淺出，比喻恰到好處。作者善於使用通俗的解釋、流暢的語言、直觀的圖像來說明深奧難懂的物理內容。

閱讀本書，能讓讀者在以下幾個方面獲益：

透過介紹太空探險中的典型事例，滿足各個年齡層的人們對太空的好奇心，增長見識，啟發人們對地球、太陽系和人類未來的思考，吸引年輕人踏進科學技術、天體物理、航太工程的大門。

用通俗易懂的比喻；圖文並茂的解釋；幽默風趣的語言，引導讀者學習、思考和探索星體背後的物理現象，了解天體運行、恆星演化、宇宙變遷的基本物理規律。讓讀者體會大自然造物之巧，感受科學理論之美。

第一章
火箭研發

「峨峨雲梯翔，赫赫火箭著。」

—— 韓愈

第 1 節
納粹潰退烽火滅絕　美軍挺進人才捕獲

我們的故事開始於一個不早不晚的年代。1945 年 5 月 2 日，也就是希特勒夫婦在地堡內自殺後的第三天，第二次世界大戰已經接近尾聲，雖然日本還未投降，仍在做垂死掙扎，但戰爭勝負的大局已定，不可逆轉。

德國南部的阿爾卑斯山區，一個頗有特色，叫做奧柏安梅高（Oberammergau）的小鎮附近，遠望高山巍峨、雪峰挺拔；近看湖水碧秀、綠草如茵。這裡氣候宜人、風景似畫，使人難以想像到如此美景也曾被戰火硝煙所糟蹋。那天，美軍第 44 步兵師的一隊偵察兵正在執行巡邏任務，忽然看見兩輛腳踏車從山上緩緩而下……。

來者之一帶有一口濃重德國腔調的蹩腳英語，結結巴巴地向士兵說明他的哥哥是誰：「V-2 飛彈……設計師……馮 · 布勞恩……要投降……」

當時沒人不知道 V-2 飛彈，那是讓盟軍不寒而慄的新型終極致命武器！希特勒為了加速戰爭最後的進程，聚集科學家和工程師們，於德國的佩內明德陸軍和空軍試驗基地，成功研製出 V-2 飛彈，並在多處地下工廠大量生產。

就在不到一年之前，1944 年 9 月 8 日清晨 6 點，泰晤士河邊一聲巨響，1t 多的炸藥從天而降，驚醒了無數睡夢中的倫敦人。可是，天上並沒有看見德國的轟炸機啊！原來這些重磅炸彈是來自於 300km 之外荷蘭海牙的德軍基地，炸彈的攜帶者就是 V-2 飛彈，它花了不到 6 分鐘就飛越了英吉利海峽，神出鬼沒地在倫敦爆炸。之後短短的 6 個月內，瘋狂的納粹德國接二連三地發射了 3,745 枚 V-2 飛彈，其中有 1,115 枚擊中英國本土，共炸死 2,724 人，炸傷 6,476 人，並對建築物也造成相當大的破壞。此外，攻擊比利時的 V-2 飛彈造成 6,500 人死亡，傷者數萬。正是「鐵球步帳三軍合，火箭燒營萬骨乾」。

當然，現在我們仔細一算，這造價昂貴（12 萬馬克）[1] 的 V-2 飛彈實在太不划算，效率極低，平均一個飛彈才炸死 2、3 人，由此也足以證明，當時德軍困獸猶鬥的瘋狂勁頭。無論如何，這門武器因為不易被攔截，而造成當年的歐洲社會人心惶惶。此外，希特勒為了盡快製造出充足的 V-2 飛彈，建立地下工廠來批量生產，殘酷地壓榨猶太人和抓來的普通勞工。據說為生產飛彈而累死的勞工就有數萬人，比轟炸敵國炸死的人還要多。

V-2 武器未能挽回德軍的敗局，但它拉開了新式作戰的序幕，無疑是一項重大的軍事技術突破。艾森豪（Dwight David Eisenhower）在回憶錄中說：「如果德國人提早 6 個月完善並使用這些武器的話，我們要進入歐洲將極端困難，甚至是不可能的。」為此，當年的盟軍迫切希望獲得 V-2 飛彈，四處尋找這個項目背後的科學家。

沒想到這一天，研製 V-2 飛彈的頂級專家卻自己送上門來，正是「踏破鐵鞋無覓處，得來全不費功夫」，美國人不由得樂在眉尖、喜上心頭：「哦！歡迎你們投降，用你們的技術為美國效勞。」

兩位來訪者早就準備好了說辭：「統帥們不希望我們落入史達林手中，於是在 3 月就要求我哥哥（即馮・布勞恩）和他手下的 500 名科學研究人員，帶著大量資料離開科學研究基地，躲避正在逼近的蘇聯紅軍……我們手中有大量的資料、技術和人才，也願意服務於美國，但條

1　馬克≈ 16.9529 元臺幣，自 1999 年起被歐元代替。

件是希望能得到善待。」

這還有什麼好說的？雙方很快便達成協議，並找到了藏身於高級別墅、正在欣賞山間美景的馮・布勞恩。這位著名的火箭專家被俘時才 32 歲，年輕帥氣、英姿勃發，但因為不久前出車禍，手上還打著石膏繃帶（與戰爭無關）。面對荷槍實彈的美國兵，布勞恩說了一句話，但語氣中仍帶有德國科學家那種慣有的驕傲：「我們雖然戰敗了，但我們開創了全新的戰爭模式。你們來找我，就是為了得到這種技術。」

德國的納粹分子對人類犯下不可饒恕的滔天罪行，但德國科學家毫無疑問對科學技術的進步做出了重要的貢獻。第二次世界大戰除了戰場上的較量外，雙方在科技上也明爭暗鬥，打著另一場戰爭。對核物理學的研究，最後導致原子彈武器的開發，是另一個著名的例子。

希特勒對猶太人的迫害，使大批猶太裔科學家抵達美國，其中也包括愛因斯坦。這些從魔掌下逃離的物理學家們，關注到德國在核研究方面的動向，由愛因斯坦出面向美國報告，說德國科學家已經掌握了鈾的原子分裂（裂變）技術，即製造原子彈的第一步。如此才使美國政府開始意識到，若希特勒擁有這項技術，將帶給世界前所未有的災難，因而投資 20 億美元啟動了研發原子彈的「曼哈頓計畫」。最終該計畫獲得成功並用於實戰，縮短了戰爭的進程。

德國人的原子彈研究最終未成正果，著名物理學家海森堡曾經參與其中。就在布勞恩的兄弟與美國士兵商談投降事宜的第二天，美軍在海森堡的家中抓獲了他。

德國已經崩潰，戰爭即將結束，與科技相關的競爭逐漸轉化成同盟國之間暗地爭奪德國人才的鬥爭。美國在 1945 年初啟動了「迴紋針」行動，蘇聯也相應實施了所謂「麵包換人」的計畫。

蘇軍原本在最後的德國戰場上占盡先機，曾在 1945 年 1 月直接威脅到離德軍火箭研製基地不遠的地帶。蘇軍還在波蘭的荒野中發現了一些被德軍丟棄的 V-2 飛彈外殼，他們立即將其送回莫斯科進行研究。

1945 年 3 月，美軍開進波昂，波昂大學的科學家們將一些相關資料撕碎丟進馬桶中，但來不及處理堵塞的馬桶就紛紛逃離了。一個波蘭籍衛兵發現了馬桶中的碎紙片，將它們全部掏出，交給了美軍。最後，這些殘存的碎紙片組成了一份包含德國科學研究計畫摘要和 1,500 多名科學家、高級技術人員名單及家庭地址的重要文件，這份名單為美國找到這些科學家的「迴紋針」行動，提供了非常大的幫助。

在軍方授權下，匈牙利裔美國工程師和物理學家馮．卡門（von Kármán，1881 ～ 1963）組建一支由 36 位專家組成的調查團，前往德國考察，其中包括他最得意的學生錢學森。馮．卡門等也審問過主動投降的布勞恩等人，考察了火箭技術後，得出了在該領域德國已領先美國 10 年的結論。錢學森在此行中獲益匪淺，後來他衝破阻礙回到中國，成為「兩彈一星」的元勛級人物。

馮．布勞恩（von Braun，1912 ～ 1977）出生於德國普魯士境內，其父母、家族都有歐洲王室血統。其母在馮．布勞恩接受宗教洗禮之後，贈與他一臺望遠鏡，從此布勞恩迷上了浩瀚星空，立志研究能一飛衝上太空的火箭。戰爭成全了他的理想，也改變了他的命運。1932 年，布勞恩在 20 歲時，就被任命為德國首位導彈試驗場液體火箭研發項目的技術負責人。

他的夢想指向太空，但命運卻讓他擊中了倫敦，殺害了不少無辜的民眾。正如他在聽到倫敦被擊中的消息後說：「火箭工作正常，除了登陸在錯誤的星球上。」

火箭的工作原理和飛機不一樣。飛機在飛行時受到 4 個力的作用（圖 1-1（a）右）：動力（即發動機產生的推力）、阻力、升力、重力。

這裡與地面交通工具不一樣的是，飛機需要一個向上的「升力」，才有可能飛到天空中去。

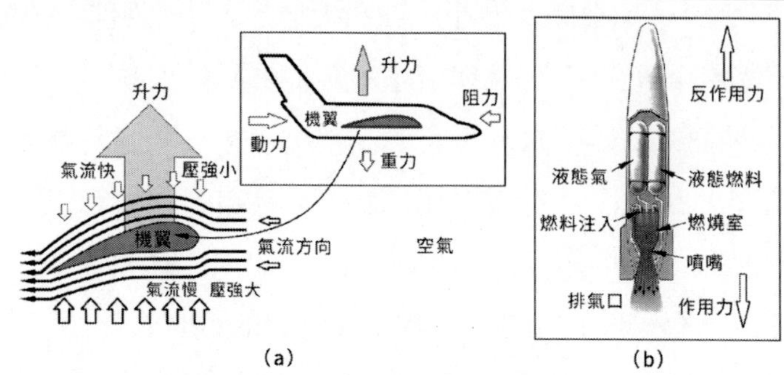

圖 1-1　火箭和飛機工作原理不同

(a) 飛機；(b) 火箭

升力是飛行不可或缺的重要元素，它是如何產生的呢？飛機的升力與機翼截面的形狀密切相關，是透過機翼上下表面氣流速度的差異而產生的。如果將機翼沿飛行方向縱向剖開，得到的機翼剖面是一個上拱下平的形狀（圖 1-1（a）左）。當空氣流過機翼時，氣流沿上、下表面分開，最後在後緣處匯合。上表面彎曲，氣流流過時走的路程較長；下表面平坦，氣流走的路程較短。根據伯努利原理（Bernoulli' s principle），上表面的氣流速度快而壓力小，下表面低速氣流對機翼壓力較大，就產生了一個上、下表面之間的壓力差，也就是向上的升力。因此飛機是憑藉空氣動力學原理獲得升力而飛行的，所以飛機只能在大氣層中飛行，不可能飛到沒有大氣的太空中。

火箭的工作原理（圖 1-1（b））不同於飛機，對火箭而言，無論是上升或前進，在任何方向得到加速度，靠的都是尾部氣體噴出後產生的反作用力。作用與反作用定律就是物理學中為人熟知的牛頓第三定律。它說的是，反作用力總是與作用力相等，作用在不同的物體上。在火箭的情況下，燃料與氧化劑混合燃燒後產生的大量氣體從火箭尾部向後噴出，如果將氣體後噴的力當作作用力，它的反作用力則作用在火箭主體上，推動火箭向前。因此，由於火箭自身攜帶燃料和氧化劑，既不需要空氣來產生升力，也不需要空氣中的氧氣幫助燃燒，故適合在太空環境下工作。

眾所周知，地球大氣有一定的厚度，大氣的密度隨著距離地面高度的增加而減小。那什麼高度就算是「太空」呢？事實上，太空和大氣層之間並沒有一條明顯的界線，不過我們總是可以人為地給出一個規定的數值。國際航空聯盟將 100km 的高度定義為大氣層和太空的界線。美國認為到達海拔 80km 的人即為太空人。因此，高度超過 80km（最高達到 100km）可以算是進入了太空。

布勞恩及其團隊在 1930 年代的任務是研究開發液體燃料火箭（A4 火箭）。他的腦海中無疑經常夢想到月球旅行，因為 A4 火箭上畫的是科幻片《月亮中的女人》的宣傳畫，一位坐在新月上的漂亮夫人！布勞恩當時甚至還制定了載人太空探險飛行計畫。

10 年的努力終於獲得突破，1942 年 10 月，一枚 A4 火箭實現完美發射，飛行高度達到 84.5km，飛行距離達到 190km。其到達的高度已經算是抵達了「太空」，從太空探險的意義上，這可算是人造物體進入太空的第一個里程碑。

然而，戰爭正在激烈地進行，德軍步步敗退，納粹分子不要「登月」，也不在乎是否進入「太空」，他們只在乎火箭升得越高，方能飛得越遠，他們做的是製造武器、屠殺人類的另一種夢。從 1943 年開始，A4 火箭變成了 V-2 飛彈。布勞恩受命研製這種能夠攜帶 750kg 炸藥飛行約 300km 後準確擊中目標的武器。「V-2」的德文意思是「報復」，納粹將其命名為「復仇使者」，企圖扭轉敗局，準備報復。

V-2 飛彈發射時的質量大約 13t，可負載 1,000kg 的高能炸藥彈頭，並射向 300km 遠的目標。導彈先被垂直發射到一定的高度（24 ～ 29km），然後按一定的傾角彈道上升。當升至最高點（48km 左右）時，無線電指令控制系統關閉發動機，火箭靠慣性繼續升到 97km。然後，以 3,542km/h 的速度沿拋物線自由下落，最後擊中預先計算好的地面攻擊目標（圖 1-2）。

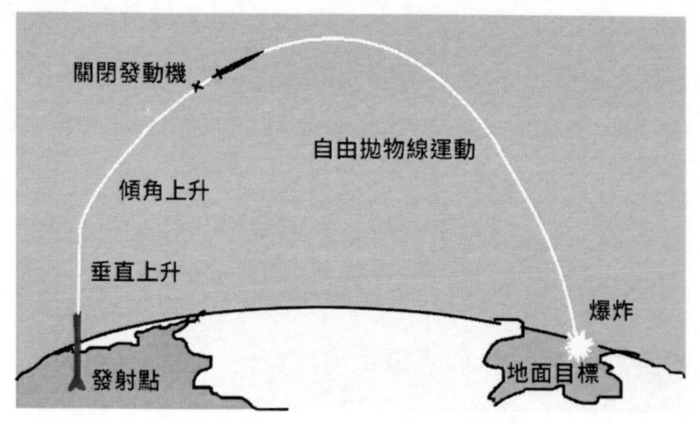

圖 1-2　V-2 飛彈飛行路線示意圖

聰明過人的布勞恩並不是一個死命效忠納粹的傻瓜，當看到戰爭形勢對德方不利時，他就開始考慮自己及幾百名科學家的去向問題。他當然知道自己對美國（或蘇聯）的價值，但他不相信史達林，被蘇軍抓住不會是好事，他們連自己的科學家都不能「善待」，又怎麼可能善待像他這樣的納粹戰俘 —— 過去的黨衛軍少校呢？

在從佩內明德撤退的時候，馮・布勞恩私自做了一個大膽的決定。他捨不得銷毀自己多年的研究成果，便違背命令，將 14t 重的火箭技術草圖及數據藏在哈次山一個廢棄的礦井裡，這些資料也成為他（及他的弟弟）與美軍交涉的籌碼。

不久後，布勞恩和他的上百名同行一起被送到了美國。

第 2 節
古人愛做太空夢　大師練就理論功

可喜的是，馮．布勞恩在美國如魚得水，有機會實現他少年時代的「月球旅行」夢。

美國人如何能先於世界各國實現人類千年的登月夢？這不是一句話就能說清楚的，也遠非馮．布勞恩一人的功勞，且聽我們從神話和幻想開始，將太空探險歷史慢慢道來。

飛到月亮上去！這是人類自古以來的夢想。不過要實現這個夢想談何容易，人類被地球的引力牢牢束縛在地面附近，而月亮卻高高地掛在天上，離地面有遙遠的 380,000km！這是一個難以飛越的高度，古人只能憑想像和神話故事來滿足對月球的好奇。

據說在 14 世紀末，有一個叫「萬戶」的中國官員，注意到人們在節日時當作玩具的煙火爆竹，能夠利用火藥燃燒產生的反衝力，將煙火射到天上。勇敢的萬戶想用同樣的方法將自己送上太空，他將 47 支煙火（火箭）捆綁在椅子上，做成一個飛行器。

萬事俱備之後，萬戶穿戴整齊，手拿兩個風箏，坐上座椅，要別人把 47 支煙火同時點燃。不幸的是，隨著一陣劇烈的爆炸，萬戶和他的飛行器灰飛煙滅。

有趣的是，這個「萬戶飛天」的傳說，以多種版本的不同形式，被記載在某些西方的太空探險史文獻中。就連月球上的一個隕擊坑（環形山），也以他的名字命名。但在中國的歷史資料中，卻尚未發現關於萬戶的記載 [1]。

第一章　火箭研發

火箭技術是登月的關鍵，無論萬戶是否真的是中國人，人們將萬戶飛天的傳說冠以「中國」之名，多半因為中國是火箭技術的發源地，中國唐代出現的煙火類玩物、宋朝的「火箭」，都是利用燃料燃燒後，再向後噴射出來產生的反作用力，推動物體朝前發射而「上天」，它們當之無愧地成為近代太空探險技術最原始的「老祖宗」。

儘管萬戶的試驗以失敗告終，但基本原理與之相同的現代火箭技術，卻一次又一次地在太空探險活動中獲得成功。這要歸功於幾個現代火箭技術的先驅人物，首先要介紹的是太空探險及火箭理論的奠基者——被譽為太空探險之父的俄羅斯科學家康斯坦丁·齊奧爾科夫斯基(Konstanty Ciołkowski，1857～1935)。

科幻和科普讀物在太空探險史上的地位舉足輕重，當年幾位火箭前輩的太空探險熱情，都是被登月之類的科學幻想小說點燃的。「飛向月球」是18～19世紀西方科幻作家筆下的熱門主題。其中，最值得一提的是法國人凡爾納（Verne，1828～1905）的科幻作品。凡爾納知識淵博，重視科學依據，所以他的小說既有文學價值，也有科學價值。他小說中的諸多有趣預言，有許多如今已成為現實。

《從地球到月球》是凡爾納於1865年創作的作品，描述幾個人乘坐一枚由巨大大砲發射出的中空炮彈，從而飛向月球的故事。這個引人入勝的離奇故事，將太空旅行的思想種子播撒在一位俄國失聰少年的心上，他就是齊奧爾科夫斯基。小時候患猩紅熱使得他的耳朵幾乎全聾，無法上正常學校。但是，這個少年固執地對父親說：「我要去莫斯科，那裡有圖書館，聽不見也可以讀書，因為我將來要研究太空！」

父親發現了這個「聾」兒子的與眾不同：他愛讀書，喜歡思考問題，尤其是愛不著邊際地幻想。因此，並不富裕的父母滿足了兒子的願望，將他送去莫斯科學習。齊奧爾科夫斯基不負家人所望，自學成才，之後回到家鄉擔任中學教師，並在完成掙得溫飽的工作之餘，潛心地研究太空探險理論問題，被後人譽為「宇宙太空探險之父」。

由於耳聾，他與外界少有接觸，又是靠自學，這對少年齊奧爾科夫斯基的成長以及之後的科學研究工作，既有利也有弊。耳聾使他養成了獨立思考的習慣，凡是碰到難題都要自己動手計算一遍。但這個先天不足的缺陷，也使得他鮮知同行們早期的研究成果，走了不少彎路。他年輕時經常發明一些早已被人知道的東西，在科學研究中，也往往是當他將感興趣的物理問題解決之後，方才得知早已有人做出結果並發表了。例如，他曾經在 1881 年，20 多歲時，得出氣體運動理論的一個重要結果後，才知道這早已在 24 年前就被人解決了。但整體來說，齊奧爾科夫斯基的科學研究之路還算順利。當時他把他對氣體運動理論的計算結果寄給彼得堡物理化學學會，學會權威們仔細審核了這位研究者的文章，由著名的化學家、週期表發現者門得列夫寫給他一封言辭謹慎的信。人們沒有把齊奧爾科夫斯基當成騙子，反而鼓勵這位年輕的中學教師繼續他的科學研究。之後，齊奧爾科夫斯基將研究的興趣集中到他經常進行思考的，與航太有關的飛行器和發動機上，研究成果逐漸得到俄國科學界的認可。加之在門得列夫等人的幫助下，齊奧爾科夫斯基成了學會的會員，參與學會的活動使他不再是一個孤陋寡聞的「聾子」，而是在學界嶄露頭角、漸有名氣。

齊奧爾科夫斯基使「太空探險」走出了「天馬行空、不著邊際」的幻想，成為一門腳踏實地、可以實現的科學。在他的論文〈利用噴氣工具研究宇宙太空〉中，闡明了太空探險飛行理論，描述和論證了火箭這種「噴氣工具」可以作為宇宙航行的動力。之後，他又具體提出了火箭公式，計算了第一宇宙速度，提出利用火箭進行星際交通、製造人造地球衛星和近地軌道站的可能性，指出發展宇宙航行和製造火箭的合理途徑，找到了火箭和液體發動機結構的一系列重要工程技術解決方案。他指出了火箭怎樣才能衝出地球大氣層，並指出多級火箭可以達到宇宙速度。他還相信向外星殖民的想法，認為這能使人類永久存在下去。從那時開始，「太空探險」成為人們心中可以真正實現的夢想，全世界的人都記住了這位大師的名言：「地球是人類的搖籃，但人類不會永遠被束縛在搖籃裡！」

他一生出版了 500 多部關於宇宙航行的著作，包括科幻作品。他在科幻小說《在地球之外》中，設想的「宇宙游泳」、「宇宙槍」、在月面上降落的小型「著陸船」等，與現代宇宙航行的實際情況驚人地符合。圖 2-1（a）是齊奧爾科夫斯基設想的火箭。

齊奧爾科夫斯基於 1903 年出版的《利用反作用力設施探索宇宙太空》是第一部從理論上論證火箭的論文。文中，他計算了進入地球軌道的逃逸速度是 8km/s，論證利用液氧和液氫做燃料的多級火箭可以達到這個速度，見圖 2-1（b）和（c）。

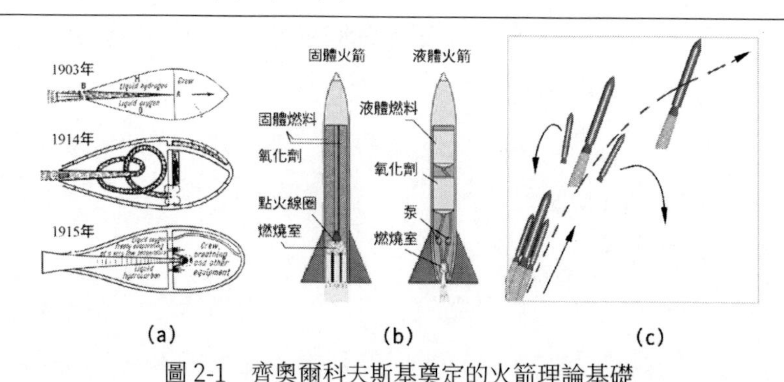

圖 2-1　齊奧爾科夫斯基奠定的火箭理論基礎

（a）齊奧爾科夫斯基設計的火箭；（b）固體火箭和液體火箭；（c）多級火箭

火箭的原理說起來簡單，不就是反作用力嘛！就像人在射擊的時候，子彈向前跑，槍托卻往後頂的道理一樣。的確如此，反作用力隨處可見，你用手敲擊牆壁，會把手敲痛，這是因為牆壁施加於手上的反作用力；地面上的許多運動也是利用反作用來實現的。當你認真分析多種運動的機制後會發現，即使是由反作用力的原理而產生的運動，也有兩種不同的方式。比如，人在水中游泳的動作，是利用手臂、腿及身體的擺動，將身邊的水向後推，同時水對人體產生一個向前的反作用力，使人向前運動。但是，烏賊或章魚則有另外一種水中應急逃生時採取的運動方式，牠們的身體有一個儲水的口袋，會在身體緊縮時，將其中的水急速噴出，借助這些水噴出時的反作用力，烏賊便會迅速作反向運動。總結以上兩種反衝運動的規律，游泳時，人的反衝力是透過周圍的介質間接獲得；而烏賊的反衝力則透過自身噴水而得到。能在沒有介質的太空中前進的火箭，其運動原理類似於烏賊，因此，人們常稱烏賊為「水中火箭」。

噴氣式飛機也是依靠尾部噴出高速氣體的反衝力，來使得機身向前運動。但噴氣式飛機需要吸進周圍的氧氣才能燃燒。太空火箭的發動機則不僅需要自帶燃料，還要自帶氧化劑。因此，火箭的基本構造就是燃料加氧化劑。用固體燃料的為固體火箭，用液體燃料的則為液體火箭，見圖 2-1（b）。最早的中國古代火箭，使用粉末狀火藥固體，就是固體火箭的例子。從現代觀點來看，固體火箭和液體火箭各有優缺點。固體火箭的燃料容易長時間儲藏和保存，可在任何時候點火發射，但火藥一旦點燃，便無法停止，難以控制。液體火箭的液態氧和燃料需要低溫儲存，常溫下容易蒸發為氣體，不易保存。但液體火箭具有運載能力大、方便用閥門控制燃燒量等優點，特別是在齊奧爾科夫斯基和幾個火箭研究先驅者所在的年代，被認為是實現太空旅行的最佳選擇。

人們很早就有「多級火箭」的想法，據說中國明朝（14 世紀）的「火龍出水」，算是最早的二級火箭雛形。因為火箭儲料罐中的物質總是越用越少，罐子的質量卻不減少，有必要攜帶著這些多餘的質量而影響火箭的推力嗎？人們自然地考慮將幾個小火箭連接在一起，燒完一個之後丟掉，再點燃另一個。齊奧爾科夫斯基經過嚴格計算，系統地提出了人類如何使用多級火箭而進入太空的理論。

齊奧爾科夫斯基為研究宇宙航行和火箭發動機奠定了理論基礎。但誰能把他的「現代火箭」理論變成現實呢？當年在美國和歐洲倒是走出了好幾位熱衷於火箭的實行者和冒險家，有人受盡冷嘲熱諷不氣餒；有人年紀輕輕為造火箭而獻出生命；也有人一直活到 90 多歲，見證人類的登月之夢成為現實。欲知他們姓什名誰，且聽下回分解。

第 3 節
戈達德飽受嘲諷　奧伯特見證登月

美國物理學家羅伯特．戈達德（Robert Goddard，1882 ～ 1945）比齊奧爾科夫斯基晚出生 20 多年，卻同樣因為科幻小說的影響而迷上了太空。除了凡爾納之外，當年還有一部威爾斯（Herbert George Wells）的科幻小說《世界大戰》（*The War of the Worlds*），也對戈達德影響極深。對科學著迷的少年往往會在經歷某個平常事件的一瞬間，好像突然開竅，有時還伴隨著閃亮的想法火花，明白、甚至確定了自己畢生的目標和志向。牛頓看到蘋果落地，愛因斯坦想像自己隨光飛行，大概都屬於此種情形。戈達德的這一幕發生在他 16 歲，爬上家裡的櫻桃樹時，看到宏偉浩瀚的天空景象那一刻，那迷人的太空奇景一定對他的心靈產生了巨大的震撼，以至於他從樹上下來之後，感覺自己完全變了一個人，已經不是原來的那個懵懂少年，從此立志把自己的生涯定位在研究太空上。有意思的是，戈達德甚至畢生保存著那棵櫻桃樹的照片，並且永遠記住了這個日子：1899 年 10 月 19 日。

雖然喜愛凡爾納的科幻小說，戈達德和齊奧爾科夫斯基都很早就意識到，書中描寫用大砲將人送入太空的想法是不可取的，唯一能達到這個目的的運載工具，應該是火箭。因此，少年戈達德「立志太空」的願望，轉變成將自己獻身於火箭事業。但戈達德卻不如齊奧爾科夫斯基幸運，製造火箭的試驗長期不被人們所理解，甚至遭遇不少譏諷和嘲笑。

戈達德在他的出生地 —— 麻薩諸塞州讀完物理方面的大學和取得博士後，在該州的克拉克大學任教，終身進行他的火箭研究，他的早期火箭實驗也大都在家鄉麻薩諸塞州進行。他從實驗固體火箭開始，到後來集中精力製造液體火箭，持有兩種火箭的專利。

戈達德不喜歡紙上談兵。為了透過實踐證明火箭真的能在真空中產生推力，1912 年，他成功地點燃了一枚放在真空玻璃容器內的固體燃料火箭。1915 年的一個傍晚，克拉克大學校園寧靜的夜空中突然出現一道明亮的閃光，接著是一陣爆炸聲和嘈雜的人聲，導致校園內警報聲大作，驚慌的學生們後來才知這是戈達德教授進行的第一次火藥火箭測試。戈達德後來曾經表示，對那次實驗沒有造成傷害，感到安慰。

之後，戈達德獲得少量資金，伍斯特理工學院允許他在校園邊緣的一處廢棄空地上做實驗。但是討厭的媒體卻經常嘲笑和歪曲報導他的工作，使他似乎感到有些「聲名狼藉」。他對自己的研究過度保護，也不願意與周圍同行交流。但他仍然堅持不懈地繼續研究，從 1920 年開始研究液體火箭，了解到液氫和液氧是理想的火箭推進劑，截至 1941 年，戈達德共獲得了 214 項專利。

1926 年 3 月 16 日，在麻薩諸塞州一片冰雪覆蓋的草地上，戈達德和妻子及兩名助手，成功發射了世界上第一枚液體火箭，這個發射地點後來成為美國政府官方指定的國家歷史地標。這枚液體火箭長約 3.4m，發射時重 4.6kg，空重為 2.6kg，見圖 3-1（a）。飛行延續了約 2.5 秒，最大高度為 12.5m，飛行距離為 56m。當然，這些數值離登月還差十萬八千里，但在當時卻是一次了不起的成功。它的意義正如戈達德所說：「昨日之夢，是今天的希望，明天的現實。」

戈達德的名聲雖然已經被世界各地的火箭愛好者所知，但當地的媒體卻依然繼續調侃嘲諷他。

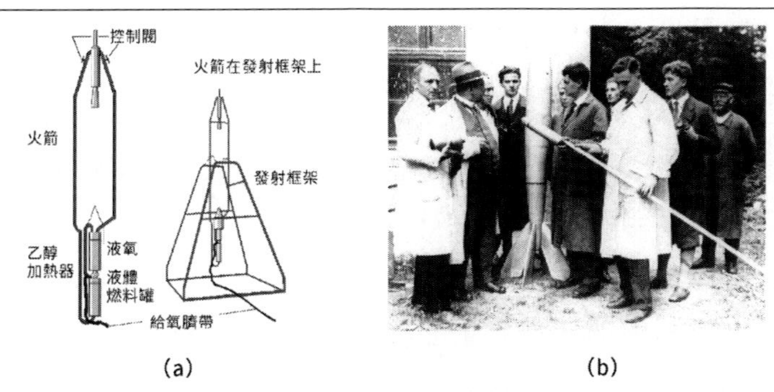

圖 3-1　戈達德和奧伯特

(a) 戈達德 1926 年發射第一個液體火箭；(b) 奧伯特（中間）研製火箭，右 2 是布勞恩

《紐約時報》的記者們甚至嘲笑他連高中物理都不懂，卻整天想著星際旅行，還幫他取了「月球人」的外號。戈達德在 1929 年進行一次試驗後，當地的報紙報導此試驗時的標題竟然是「月球火箭錯過目標 238,799.5 英里」[1]，這個數字大約就是月地間的距離嘛！以此來挖苦他的月球火箭錯射到地球上來了。

我們在第 1 節中介紹的布勞恩，到美國後，回答美國同行有關液體火箭的問題時，困惑地表示：「你們不知道戈達德嗎？我們的液體火箭都是向他學來的，他才是我們的老師。」正是：可惡媒體不懂行，譏諷嘲笑又誇張，火箭專家志登月，牆內開花牆外香。

布勞恩早年在德國時的真正老師是赫爾曼．奧伯特（Hermann Oberth，1894 ～ 1989），火箭技術的另一位奠基者。奧伯特就曾經寫信給戈達德索要論文。戈達德從 1930 年～ 1945 年去世，其間進行過 31 次火箭發射，精神可嘉，但技術上的進步不大，沒有一次達到 2.7km 以上，之後更被德國「二戰」期間的火箭研究所超越。

赫爾曼．奧伯特比戈達德小了 10 幾歲，但他在太空探險理論和實踐

1　英里＝ 1,609.344 公尺。

上，都做了不少傑出的獨立貢獻，被認為是繼齊奧爾科夫斯基和戈達德後，又一位太空學和火箭學先驅。他直到 1989 年，以 95 歲高齡去世，是真正見證過美國「神農 5 號（又譯為土星 5 號）」運載火箭發射，以及了解「阿波羅」登月進程的太空探險老前輩。

太空探險研究之路不是那麼好走的，奧伯特在 14 歲時就設計了一個反衝火箭，使用排出的廢氣來推動火箭。但後來他的火箭科學博士論文卻因「天馬行空，脫離現實」而被權威們駁回（1922 年）。但奧伯特堅持自己的信念，不願為得到學位而另發表一篇文章。他自信地認為即使沒有博士學位，自己也能成為一名優秀的科學家，沒必要僅僅為了迎合主流、獲得博士學位而做違心之事。由此他也批評當年德國的教育體制，如同「一輛擁有大功率尾燈的汽車，能照亮過去，卻不能啟迪未來！」無獨有偶，奧伯特也和俄國的齊奧爾科夫斯基一樣，大多依靠當中學教師來維持生計。

之後，奧伯特將他有關太空探險的思想，寫成《飛往星際太空的火箭》發表，仍然未能引起科學家的重視。但一般民眾對太空探險的熱情，有時遠遠高於因為務實而表現冷淡的學術界，各階層的讀者競相購買此書，第一版很快就銷售一空。但這並非奧伯特的願望，他仍然在等待科學界的承認，方能更順利地進行他感興趣的固體火箭研究工作。

有位著名導演（弗里茲．朗）要拍攝《月亮中的女人》這部電影，聘請奧伯特當科學顧問，這件事帶給奧伯特希望。因為為了宣傳效果，在電影首映的同時，有可能製造和發射一枚真正的火箭，這成為奧伯特的一項重要任務，他也可以借此為火箭研究籌備更多的資金。電影首映空前成功，但奧伯特卻懊惱無比，因為他設計的火箭沒有成功發射，原因是奧伯特和他的助手都缺乏機械方面的訓練。

不過奧伯特關於宇宙航行的書卻再次獲得成功。在這本書的激勵下，不少太空探險愛好者組建了「德國星際航行協會」，奧伯特成為重要的會員，且他的火箭實驗也於 1930 年獲得第一次成功。這次有了各方人才的幫助，包括馮・布勞恩在內。布勞恩那時才 18 歲，剛加入太空探險協會，便嶄露頭角，見圖 3-1（b）。試驗進行了 90 秒，產生了約 70N 的推力，進步明顯，但卻還不足以使火箭飛離地面。

除了幾位火箭先驅的工作之外，當年這些太空探險協會之類的民間組織，對太空探險事業的推動是功不可沒的。比如剛才所提及的德國星際航行協會，是由溫克勒和法列爾創建的。溫克勒是一名航空工程師；馬克斯・法列爾（1895 ～ 1930）實際上是奧地利的火箭先驅，也是一位科普作家。他非常欣賞奧伯特的著作《飛往星際太空的火箭》，並將它改寫成一本更為通俗的作品，取名《衝入太空》。之後另一位年輕人，學生物的大學生威利・李又改寫了一個自己的版本。這幾個人後來成為德國星際航行協會最活躍的骨幹。

法列爾 35 歲時在一次火箭試驗中犧牲，詳情請看第 27 節的介紹。

除了德國的太空探險協會外，還有美國火箭協會、英國星際航行學會等，也都對太空探險發展有所貢獻。但無論如何，太空探險理論的祖師爺齊奧爾科夫斯基是俄國人，他的國家或他的民族也應該有他的追隨者和繼承人吧？答案是肯定的，這些人是誰呢？且聽下回分解。

第4節
委以重任科羅廖夫　舉世無雙馮・布勞恩

齊奧爾科夫斯基在蘇聯的追隨者不止一個，其實有一群。從20世紀初這位太空探險之父發表他的著名理論後，到「二戰」之前，蘇聯也和當年歐洲的其他幾個國家類似，激勵了不少太空探險科幻小說和太空探險愛好者組織了太空探險協會等火箭研製團體，湧現一批火箭專家，並成功地發射了液體火箭和火箭飛機。不過，我們在這裡只代表性地介紹一個人。

話說當年德國的V-2飛彈專家布勞恩帶著一批人投降於美國，使美國獲益匪淺。當然，除了火箭專家之外，重要的還有火箭研發基地。那塊地盤原本是劃歸蘇聯託管的，但美國不甘心，組成了一個突擊隊，將基地近百枚的V-2火箭以及相關設備幾乎搶運一空。當蘇軍在後來抵達時，只看到一座座空空蕩蕩的工廠。蘇聯只好忍氣吞聲地撿了些「殘渣剩飯」，將一些留守的二、三流科學家及家屬，和剩餘的研究設備，運往蘇聯本土，進行火箭開發。

據說史達林聞及此事時，曾對謝洛夫將軍等人大發雷霆：「不是我們先打敗納粹、占領柏林，還有佩內明德導彈基地嗎？怎麼現在美國卻得到了這些專家呢？」為了安撫這位獨裁者，有人暗地裡提醒說：「不要緊，火箭專家我們自己也有！」是啊！史達林這才想起了在1933年，蘇聯的確成立過一個火箭研究所，在1938年的競賽中，還研製出了著名的「喀秋莎火箭炮」（BM-13多管火箭炮）、火箭飛機等，後來用於實戰，效果不錯，對戰鬥的勝利發揮很大的作用。不過，史達林有點納悶：「記得在1938年，這個火箭研究所的幾個領導者已經在『大清洗』中被我鎮壓槍決了，難道現在要到陰間去找回他們不成？」

手下看出史達林的疑惑，趕快報告說，當初的火箭研究所裡還有一個叫科羅廖夫的副所長，他才是全面負責技術工作的人才啊！大清洗運動中他也是被判了死罪的，所幸沒有立即執行，這個人在西伯利亞做了幾年苦工後，現在正在一個監獄工廠裡為我們研究和設計火箭！聽到這裡，史達林僵硬的臉上才露出了一絲絲笑容……。

謝爾蓋・科羅廖夫（1907～1966）生於烏克蘭，因父親早逝、母親改嫁，小時候生活坎坷，無法進入正規學校唸書。但他痴迷於飛上太空，在飛機工廠半工半讀時，得到著名的飛機設計師圖波列夫的賞識和指點。後來，科羅廖夫成為一名滑翔機設計師和駕駛員，並在齊奧爾科夫斯基的影響下，將他的志向轉為研究火箭和太空探險，由於在研製火箭的協會中嶄露頭角，被任命為副所長，後來便有了剛才所述的被清洗到西伯利亞監獄坐牢之事。

圖波列夫可算是科羅廖夫生命中的「貴人」，少年時將他帶上航空太空探險之路；後來，史達林對知識分子進行政治鎮壓和迫害，圖波列夫自己也受到牽連。但是因為「二戰」的緣故，蘇聯太需要飛機了，也太需要像圖波列夫這種研究飛機的人才，因此才將圖波列夫從無期徒刑監牢裡釋放出來，為蘇聯研究飛機，對抗希特勒。圖波列夫得到自由後，又使盡全力將科羅廖夫脫離死牢，最後推薦他在研製火箭中擔任重任，為蘇聯發射第一顆人造地球衛星，成為載人太空探險的開創者。

雖然蘇聯從德國撈到的油水不如美國那麼多，但蘇聯雄厚的科技實力，和俄羅斯民族的大國氣概，幫助了他們。蘇聯畢竟是太空探險之父的故鄉，這位偉人早已於 1935 年去世，但他的弟子無數，影響尚存。特別是現在有了科羅廖夫，史達林不擔心了，戰爭剛結束便派他到德國去考察 V-2 飛彈基地的情況，因為史達林對德國造出、從遠處直攻英國本土的「那有趣的玩意兒」印象很深。戰後的世界局勢會如何發展呢？原來的同盟國很難再「同盟」下去，邱吉爾（Sir Winston Leonard Spencer-Churchill）和杜魯門（Harry S. Truman）那兩個傢伙看來是要「結盟」對抗社會主義陣營的，蘇聯當然首當其衝。史達林清楚地知道，不管「冷戰」、「熱戰」，重要的還是實力，一定要有自己的獨門功夫才行，否則你就只能成為杜魯門所言的「聽話的乖孩子」。「冷戰」與「熱戰」唯一不同的是：「熱戰」中的實力幫助贏得戰爭，「冷戰」中的實力造成鎮懾對方的作用。如今，美國手握原子彈，世界已經見識其威力，這玩意兒我們蘇聯當然也得有！所以，看起來，研製原子彈和洲際彈道飛彈是目前的當務之急啊！

彈道飛彈的研製也最好從模仿現成的 V-2 開始。好在蘇聯也俘獲了一批這方面的德國專家，他們和科羅廖夫一起工作了 1 ～ 2 年之後，終於把 V-2 發射出來了。這時候，蘇聯領導者覺得德國專家還留在這裡太礙事，導彈火箭已經不需要他們幫忙了，這些人反而有裡通外國、潛伏而成為間諜的可能性，於是便將他們全數送回了德國。

卻說在美國這邊，根據原來的約定，馮·布勞恩等 100 多名研製 V-2 飛彈的專家們，為美國工作一年之後，便應該來去自由，但實際上，他們絕大多數都長期留了下來。美國本來就是個移民國家，對有一技之長的專家學者，更是來者不拒、多多益善。這批人感到在美國工作待遇不錯，能用其所長，所以願意長留，他們後來為美國太空探險事業做出了不朽的貢獻。

如此一來，蘇聯和美國都有了自己的火箭隊伍及其領軍主帥，促使那一段時間內（大約 10 年），對液體火箭的研究發展迅速，雙方都很快重新試射了 V-2 飛彈，並在它的基礎上，研發中程彈道飛彈成功。但是，令當時蘇聯領導者赫魯雪夫感到很不滿的一點是，美國將中程彈道飛彈部署在歐洲國家，其射程可以到達蘇聯。但蘇聯卻沒有控制任何用中程彈道飛彈能打到美國的地區。這個差別，激勵蘇聯下定決心盡快研發出洲際彈道飛彈。當時被任命為彈道式導彈總設計師的科羅廖夫不計前嫌，本著科學家熱愛祖國的滿腔熱忱，不辭勞苦地與專家們一起日夜奮戰，獲得了一連串的豐碩成果。最後，蘇聯於 1957 年 8 月 3 日，宣布第一枚洲際彈道飛彈（P-7 或 R-7）發射成功。一年多之後，美國也很快跟上，成功發射了他們的第一枚洲際彈道飛彈「SM-65 擎天神（飛彈）」。不過，又有了洲際彈道飛彈安放於何處的問題，當然是離敵方越近越好。再者，赫魯雪夫喜歡張揚，他不願意將悶氣憋在肚子裡，有機會就要發洩，於是導致了 1962 年的古巴飛彈危機，成為「冷戰」的頂峰和轉折點。

蘇聯的 R-7 和美國的擎天神都是在納粹的 V-2 飛彈基礎上改進的，十幾年的努力不會白費，推力和射程比起V-2 飛彈大大增加了，見圖 4-1。

於是，到了 1950 年代末，蘇聯和美國都有了核武器，也有了能夠將它們互相送到對方家裡去的洲際彈道飛彈。北極熊和白頭海鵰誰也不怕誰了！雖然誰也不想先挑起戰爭，但都有了能鎮懾對方的武器作為資本握在手裡，雙方暫時相安無事。

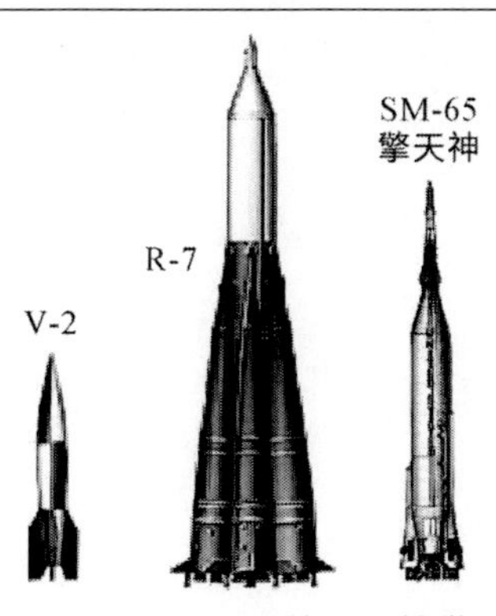

名稱	V-2	R-7	SM-65 擎天神
國家	德國	蘇聯	美國
時間	1944年	1957年	1958年
射程	320 km	9000 km	14480 km
負載	980 kg 炸藥	300萬 當量 核彈頭	400萬 當量 核彈頭

圖 4-1　德國、蘇聯、美國早期導彈（火箭）技術比較

這種情形下，雙方的科學家都不約而同地想起了他們兒時的夢想，也就是他們當年研發火箭的初衷：飛到太空去！實際上，不論是科羅廖夫，還是馮·布勞恩，由他們研製成功的火箭，都已經飛上了太空的高度（100km），再做一些改進便可以將太空船送上天，而不是將核彈頭送到地球某處去殺人。

那麼，什麼是最先考慮送上天的太空船？送到哪裡去呢？且聽我們下回分解。

第 5 節
蘇聯衛星發射搶先　美國落後心有不甘

除了地球之外，人類最熟悉的天體是太陽和月亮。太陽熱氣騰騰只能敬而遠之，月亮則是一個寧靜安詳的親密夥伴，猶如一名守衛著地球的士兵，人類親切地稱它為「衛星」。那麼，我們是否可以先發射一個人造物體，如同月亮那樣繞著地球轉呢？這個人造物體可以帶著需要的儀器設備，代替人類從高處來觀測地球、監控大氣，研究地磁場以及海洋、潮汐、太陽黑子等，為我們提供各種服務，真正達到「守衛」地球的目的。也就是說，能否發射「人造衛星」？

肯定的答案早在 1687 年就被物理先驅牛頓給出。根據萬有引力定律，任何兩個物體之間都存在互相吸引的力，蘋果下落、月亮繞圈，都是同一種力在產生作用。地球繞著太陽轉；月亮繞著地球轉，但為什麼會一個繞著另一個轉，而不是像蘋果那樣掉到地面上呢？是因為它們有一定的速度（註：本書中經常使用「速度」一詞，實際上指的是速率）。如果沒有引力，被拋出的物體將順著它的速度方向作直線運動，引力使它從直線偏離。比如說，我們從地面上拋石頭，石頭走的是曲線不是直線，因為地球對它的引力使它從直線偏離。

牛頓在認真研究引力問題時，設想了一個用「牛頓大炮」發射人造衛星的實驗。如圖 5-1（a）所示，位於高處的牛頓大炮沿著水平方向射出一發炮彈，炮彈的初速度越大，便能射得越遠。速度小一點時，炮彈射到 A 點；如果加大速度，炮彈便能到達更遠的 B 點；如果速度大到一定的數值（V_{10}），便有可能使炮彈繞過地球半徑，到達 C 點，且不再回到地面上，而是環繞地球作圓周運動。

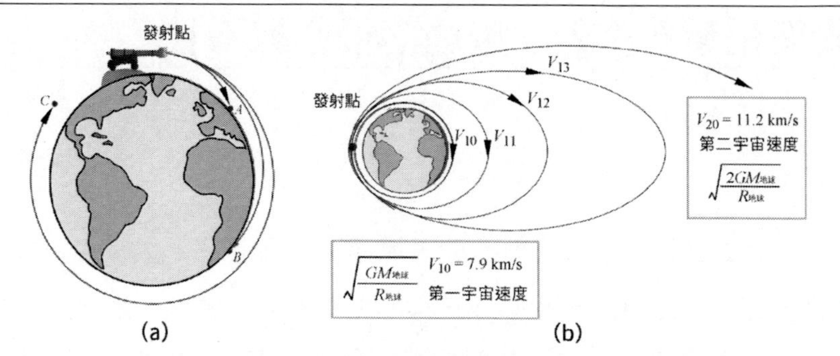

圖 5-1　人造衛星和宇宙速度

（a）牛頓大炮預言人造衛星；（b）宇宙速度

能使拋射物體環繞地球作圓周運動的速度數值，與發射點在地球表面的高度 h 有關，如果 $h = 0$，$V_{10} = 7.9$km/s，叫做地球表面的第一宇宙速度。

設想發射點的高度不變，但拋射物體的速度繼續增大，例如速度為圖 5-1（b）中的 V_{10}、 V_{11}、 V_{12}、 V_{13} 等，拋射物體仍然繞地球轉圈，作週期運動，但軌道變成橢圓。速度越大，橢圓越扁。即軌道的離心率越大，意味著橢圓的長軸越長。當速度大到某個數值 V_{20} 時，長軸變到無窮大，也就是說，拋射出去的物體不再回到地球附近。這個使得物體「掙脫」了地球引力束縛的最小速度 V_{20} 為第二宇宙速度，它的數值是 11.2km/s。如果速度再增加的話，物體有可能掙脫太陽的引力，飛出太陽系，那個極限速度叫第三宇宙速度。與地球引力場有關的，只是第一和第二宇宙速度。以這兩個速度之間的速度發射的物體，將類似於月球，理論上來說，不需要額外的動力，就會永遠圍繞地球轉圈，即成為地球的人造衛星。

當時科學家們建議發射人造衛星的呼聲，也正好迎合了東、西兩方政治家們的野心。「二戰」之後世界力量重新組合，基本上是不打明仗，而是「冷戰」，雙方的原子彈導彈暫時都是放在家裡嚇唬人的東西，如果能先發射一顆人造衛星，不但彰顯國力，也應該還有真正的用途。1950 年代初期，英、美各國的科學家們，就開始在學術刊物上研討相關問題。1955 年 7 月 29 日，美國總統艾森豪得意揚揚地宣布說：「美國將於 1957 年發射第一顆人造衛星！」在一個星期之後，蘇聯中央同意了科羅廖夫幾年前有關人造衛星計畫的建議。不過，蘇聯人善於保守祕密，美國人又大而化之，對蘇聯「太空計畫」之細節不得而知，也從未聽過科羅廖夫的名字，搞不清楚誰是蘇聯火箭技術的領導者，只稱呼他為「主任設計師」，並且因此而小看了蘇聯的科技力量，總以為自己在導彈和太空領域上理所當然地站在最前端。

不料蘇聯卻在 1957 年 10 月 4 日，給美國人投下了一顆重磅炸彈。蘇聯在 8 月 26 日成功發射洲際彈道飛彈後不到一個半月的功夫，就宣布發射了第一顆人造衛星「史波尼克 1 號」（Sputnik Ⅰ），見圖 5-2（a）。

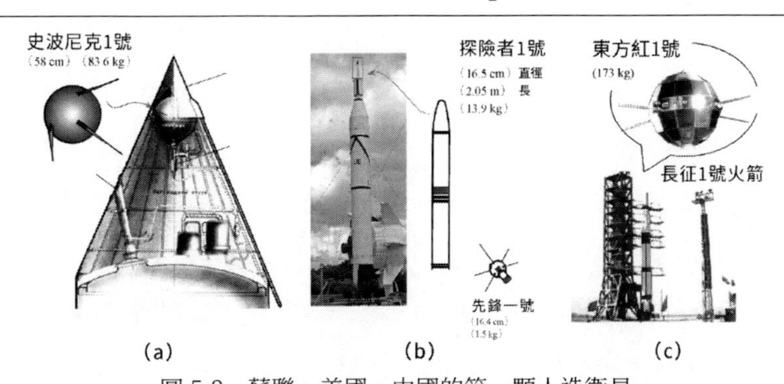

圖 5-2　蘇聯、美國、中國的第一顆人造衛星
（a）蘇聯於 1957 年 10 月發射世界上第一顆人造地球衛星；（b）美國的第一顆人造衛星（比蘇聯晚了 4 個月）；（c）中國第一顆人造衛星（發射於 1970 年）

蘇聯搶先發射人造衛星的消息，的確是一顆「心理炸彈」，投在美國政府、媒體、民眾、科學家的心上。媒體一片嘲諷，科技界人士沮喪，老百姓則有些驚慌，以為美國如今「技不如人」，安全會受到威脅。雖然

艾森豪及時地於 10 月 9 日發表電視演說，祝賀蘇聯的成就，並解釋本國衛星研究的現狀，保證美國沒有安全問題，但股票市場仍然遭受重創，道瓊指數從 3 日的 465.82 點，跌到 22 日的 419.79 點，三週內跌幅近 10%。這個事件拉開了美蘇太空競賽的帷幕。

事實上，當初美國是有可能先發射衛星的，但他們錯估了形勢，自以為是。美國曾經在「史波尼克 1 號」發射之前，嘗試過發射人造衛星兩次，但由於種種原因，均告失敗。況且，在這種大項目上，資本主義國家那種多條管道、分散科學研究的體制，顯然沒有集權制度來得有效。不過，這也激起了美國決策人員的重視和警惕，並改進了諸多科技方面的措施。比如，美方技術人員在兩天內便計算出「史波尼克 1 號」的軌道；1958 年，美國成立了（美國）太空總署（National Aeronautics and Space Administration，NASA），正式開啟一系列的太空探險計畫；美國人開始重視教育，教育界人士想，我們怎麼會落在蘇聯之後呢？可能是數學訓練不夠所致。因此，他們推動了新數學運動，要培養出一流科技人才。此外，國家科學基金會的設立，使科學界意外地獲得了大量研究資金。

美國人如此不甘示弱，在 4 個月後，便也成功地發射了人造地球衛星「探險者 1 號」，見圖 5-2（b）。第一顆人造衛星的意義主要是象徵性的，從圖 5-2 中的尺寸比較，雙方的第一顆衛星，本體都不大。「史波尼克 1 號」是球形，「探險者 1 號」是長形，但前者的質量大（83.6kg），差不多是「探險者 1 號」質量的六倍。第一顆衛星看起來都只像是個簡單的玩具，關鍵設備是，能夠將它們加速到第一宇宙速度（7.9km/s）、推上「天」的運載火箭。推動「史波尼克 1 號」的火箭叫做 R-7，推動「探險者」的火箭叫做「朱諾 1 號運載火箭」（注意：與 NASA 在 2011 年發射的木星探測器重名）。衛星雖然小巧玲瓏，發射它們的火箭卻都是龐然大物。火箭的尺寸，即高度和直徑，都是衛星的 10 倍左右，質量達到幾 10 噸。兩個龐然大物，分別由雙方的首席火箭專家科羅廖夫和布勞恩設計。

科羅廖夫大膽採用 3 節捆綁式 R-7 火箭，成功地將世界上第一顆人造地球衛星「史波尼克 1 號」送入軌道。衛星上配有兩臺無線電廣播發射器，它們持續工作了 23 天，連續不斷地將「beep」的聲音從太空傳送至地球，讓全世界的人對蘇聯不得不刮目相看。這無疑是科學上的重大成果，但是，設計者科羅廖夫的名字卻不為人所知。據說諾貝爾獎委員會曾經有意為第一顆人造衛星頒獎，問到誰是設計研製者時，赫魯雪夫回答：「是全體蘇聯人民！」諾貝爾獎不發給如此巨大的群體，那這個獎當然就無人可頒了。

緊接著，蘇聯又做出一系列的「第一名」，使社會主義陣營臉面增光、揚眉吐氣。1957 年，人造地球衛星 2 號帶小狗「萊卡」進入太空。「萊卡」是第一個在太空條件下生活過的生物，牠只在太空存活了數小時，便因中暑而亡，所以也是動物中第一個太空飛行犧牲者。1958 年，蘇聯成功地發射第一顆科學衛星（「衛星 3 號」）；1959 年發射了「月球 1 號」探測器，標誌著人造物體首次脫離地球軌道⋯⋯。

有意思的是，美國人總不接受教訓，也學不會對他們認為是民用的太空探險計畫來點「保密」措施。他們提前宣布在 1961 年 5 月上旬，要把美國人送上太空。要知道蘇聯對此事早就「萬事俱備，只欠東風」了。不過，那個年代的蘇聯在太空探險相關研究過程中，出過一次大事故（本書在最後一章中有所介紹）。砲兵元帥被炸死的陰影，還在赫魯雪夫的腦海裡揮之不去，但最後在科羅廖夫的堅持下，蘇聯終於又搶先了一步。1961 年 4 月 12 日，蘇聯人加加林成為首次進入太空的人，他乘坐「東方一號」飛船，繞地球一圈，在太空逗留了 108 分鐘並安全返回地球。那天，焦慮不安地在電話旁守候一個多小時的赫魯雪夫，聽到鈴聲後，抓起電話，第一句話就是：「先告訴我，他是否活著？」

聽到了肯定的答案後，赫魯雪夫心中的石頭落地，冒出第二句話：「讓他高興高興吧！」

赫魯雪夫問話中所擔憂的加加林依然活著。不過他在短短的太空之行中，險象環生，他的飛船呼嘯翻滾著降落在離預計目標甚遠（400km）的一片草原上，將地面撞出了一個大坑！他自己倒是幸運，從飛船中被彈射出來後，他撐著降落傘平穩地落在一塊軟綿綿的耕地上。

加加林身穿橘紅色太空衣，個頭不高，157 公分。據說挑選小個頭的加加林擔此重任，也是科羅廖夫精心考慮過的，以便更容易被塞進空間有限的飛船中。話說這位太空人，扒開被風吹得飄飄搖搖的降落傘，安然無恙地站起來後，立刻憑直覺認出這裡仍然是蘇聯的領土。這是第一件大好事，因為根據預先設置的命令，如果降落在敵對國家的話，就得考慮引爆預先設置的炸彈，來「光榮犧牲」，以避免背上「叛逃」的嫌疑。奇裝異服的加加林，朝正在耕地上工作的一對母女走過去，一開始嚇壞了她們。但最後，加加林在母女的幫助下，趕快打電話給莫斯科報告這個喜訊，也立即高興地得知，他已經被命名為「蘇聯英雄」，且軍銜連升兩級、成為少校的好消息。

加加林上天，實現了齊奧爾科夫斯基的名言：「地球是人類的搖籃，但人類不會永遠停留在搖籃裡。」世界各地的媒體都報導了這個消息，滿面笑容的蘇聯人加加林，代表人類，第一次離開了「搖籃」！

三個星期之後，美國也用「水星號」將第一個美國人艾倫．謝潑德（Alan Shepard）送上了太空，但終究還是又一次錯失了第一名。並且，這個美國的第一次載人太空旅行，只是一次彈道似的，沒有進入地球的軌道，飛行時間總共只有 15 分鐘 22 秒。

這些為人類登月進行準備的太空探險活動中，蘇聯都走在美國的前面，可惜好景不長，1969 ～ 1970 年的「阿波羅計畫」，為美國打了一個翻身仗。

蘇聯人為何沒有登上月亮？美國人的月球計畫是怎麼獲得成功的？月亮的運動有何特點？作者將在下一章中慢慢道來。

第二章 登月之路

「縱令奔月成仙去，且作行雲入夢來。」

—— 唐・包何

第 6 節
古月依然照今人　猶抱琵琶半遮面

文人都喜歡用月亮做文章，古代詩詞中詠月的句子多不勝數。張九齡〈望月懷遠〉:「海上生明月，天涯共此時。」李白的名句:「今人不見古時月，今月曾經照古人。古人今人若流水，共看明月皆如此。」都膾炙人口、廣為流傳。

有人說：無論您是哪個民族、哪國人，無論您身在何處，我們看見的都是同一個月亮。這句話有科學味！還可以說得更具體一點：所有的地球人看到的不僅僅是同一個月亮，且都是月亮的同一張「臉」！無論是誰，只要他在地球上拍攝月亮的照片，拍出的總是圖 6-1 中左邊所示的「正面」像（或者正面像的一部分）。他不可能看到類似於圖 6-1 所示的月球「背面」，那是直到 1959 年，蘇聯的人造衛星（「月球 3 號」）上天後，才第一次拍攝到的。「月球 3 號」在飛過月球背面時，發回了 29 幀圖像，覆蓋了月球背面 70%的面積。後來，「月球 3 號」自己也成為地球的一顆衛星。

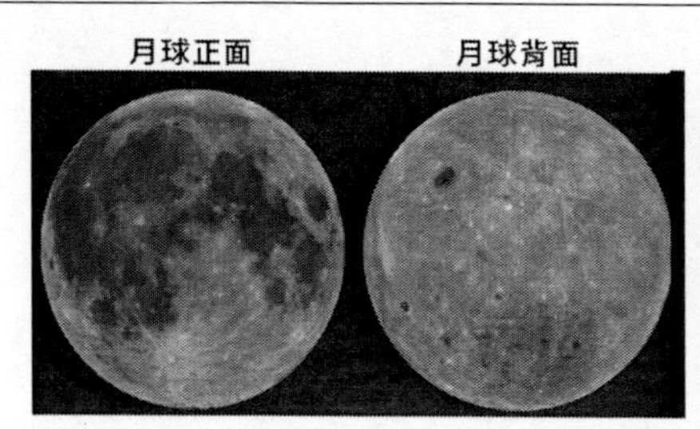

蘇聯於1959年發射的「月球3號」

圖 6-1　月球的兩面（圖片來源： NASA）

也就是說，月亮對地球總是羞答答地「猶抱琵琶半遮面」。月亮的這種古怪行為中，暗藏著哪些祕密呢？

1. 潮汐和潮汐鎖定

月球是繞著地球旋轉的天然衛星，如果月亮繞地球旋轉時，只有公轉而沒有自轉，情況就像圖 6-2（a）左圖所示，地球上不同的地點，可以看見月亮的不同部分。但是，如果月亮在公轉的同時，也在自轉，如同圖 6-2（a）右圖所示那種情形的話，則從地球上的任何一個點，都只能看見圖中月亮白色的一面，而無法看見藍色的一面，這就叫月球被地球「潮汐鎖定」。

月球的這種現象，和我們通常所說的「海洋潮汐」有什麼關係呢？

地球上海洋的潮汐現象，是月球對地球的引力產生的。太陽引力也會在地球上產生潮汐，但由於距離遠，故而影響較小。如果只考慮地月系統的話，可以說，潮汐是因為月球對地球各個部分的引力不同而產生的。

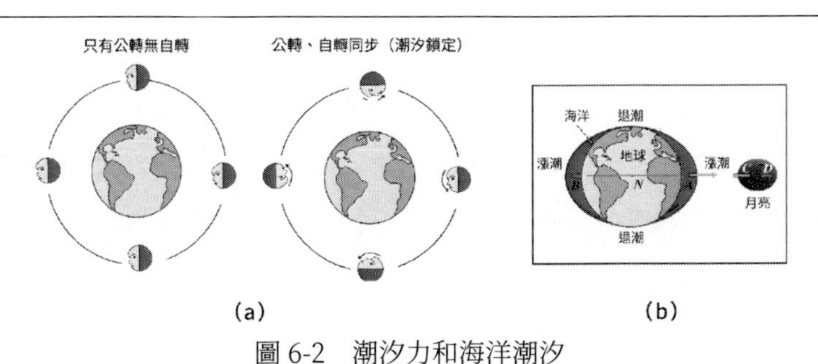

圖 6-2　潮汐力和海洋潮汐

（a）月球的潮汐鎖定；（b）月球引起地球海洋漲潮、退潮

將牛頓萬有引力定律應用於研究天體的運動時，主要從兩個關鍵方面來探討。一是天體質心的運動軌跡，即將每個天體看成一個點，來研究它們的軌道運動。比如所謂的「克卜勒問題」，便是將兩個天體視為質

量集中的兩個點來研究，並不考慮它們的尺寸大小。但是，實際上的天體並不是「點」，而是具有「尺寸」的。因此，天體間的引力不僅影響到它們的軌道，也影響到天體自身繞其質心的旋轉運動，這便是萬有引力用於天體力學的第二個重要方面。

萬有引力隨著距離的增加而減小，距離越近，引力越大；距離越遠，引力越小。地球有一定的體積，某種條件下，可以當作一個球體，而不是一個點。因此，月球與地球上不同部分的距離不同，引力也不同。如圖 6-2（b）所示，月球對地球上 A 點附近海水的吸引力，要大於對 B 點附近海水的吸引力 —— 因為 A 點距離月球更近。引力不均勻的結果，使地球上海面在月地連線的方向上「隆起」，形成潮汐現象。後來，「潮汐」這個名詞被推廣到泛指「因為引力對物體各個部分作用不同」引起的某些效應。

月球對地球的潮汐力，引起地球上的「漲潮、退潮」。反過來，地球對月球也有潮汐力，比如圖 6-2（b）中，月球上的 C 點和 D 點，地球的引力在這兩點有不同的數值：C 點離地球更近，受到的引力要比 D 點更大。不過，因為月球上沒有海洋，不會有與地球類似的海洋潮汐現象，而是使得月球的形狀稍有變化：在沿著地月連線的方向上變得更長，橫向則收縮，月球成為一個橢圓形，如圖 6-2（b）所示。假設月球沒有自轉，只有公轉，公轉使月球平移到圖 6-2（b）（或圖 6-3（a））中右上方的位置，這時，潮汐力（地球在 C 和 D 點的引力差）產生一個使橢圓形的月球繞自身中心逆時針旋轉的力矩，也就是說，力矩的作用將使月球轉回到與地月連線一致的橢圓軸。如果月球原本就在自轉，且自轉速度大於公轉速度，力矩的作用方向則相反，最後的結果都是趨向於「自轉週期等於公轉週期」的同步狀態，或稱「鎖定」在以同一張「臉」對著地球的狀態。

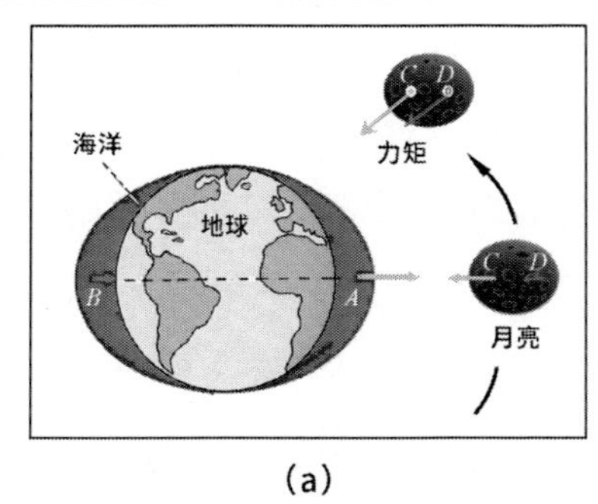

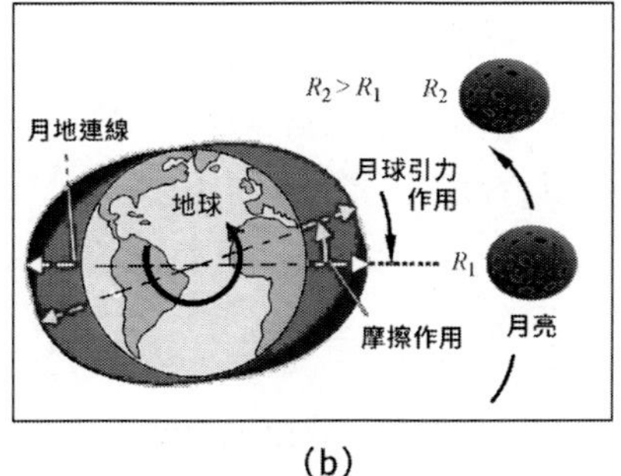

圖 6-3　潮汐力影響月球、地球的運動
(a) 潮汐力影響月球自轉；(b) 潮汐摩擦力改變角動量

2. 月亮正在遠離地球

月地系統中的引力潮汐作用還有另一個效果：月亮和地球將會相距越來越遠，或者說，月亮正在逐漸遠離地球。這個現象與地球的自轉週期及月球的公轉週期有關係。

地球自轉週期大約為一天，月亮公轉的速度就小多了，大約一個月才繞一圈。因為潮汐力，地球的海面沿著地月連線方向鼓起來。如前所述，地球自轉超前月球公轉，地球將這個「潮汐隆起」帶到與地月連線偏離一個角度的位置，見圖 6-3 (b) 中的地球周圍情況。這時候有兩種力在互相抗衡：海水與地表的摩擦力，企圖使「隆起」緊跟上地球自轉的步伐；而月球對地球的引力，卻仍然沿著原來「隆起」的方向。因為兩者速度的不同，使得月球引力對地球自轉有一種「拖曳」的作用，摩擦力發熱產生耗散，結果使地球自轉的能量和角動量減少。從角動量守恆的角度來看，地月系統的總角動量是守恆的，地球自轉角動量的減少，將使月球的軌道角動量增加。

軌道角動量 $L = mvR$，是月球質量 m、軌道線速度 v 和軌道半徑 R 的乘積。衛星繞行星運動的速度 v 與軌道半徑 R 的平方根成反比，因此，軌道角動量便與 R 的平方根成正比。所以，月亮軌道角動量的增加，意味著更大的 R，也就是說，月亮軌道半徑將越來越大。總之，潮汐力和潮汐摩擦的共同作用，使地球自轉越來越慢，同時將月亮越來越往外推。

當然，這種效應是非常微小的，以至於我們平時完全感覺不到。多微小呢？大約是每 100 年，地球自轉的週期（1 天）將會變慢 1.6 毫秒。你當然不會在乎如此小的變化，不過，月球軌道的增加，聽起來給你的印象可能會深刻一些：每年增加 3.8cm 左右。而且，這個距離變化可以使用「阿波羅」太空人安置在月球上的反射鏡，很準確地測量出來。每年增加約 4cm，100 年就會增加 4m 左右。在大約 5,000 年的中國歷史中，這個距離已經增加近 200m 了。看來，前面說過的李白名句：「古人今人若流水，共看明月皆如此。」好像沒那麼正確啊！古人看到的月亮，比當今的月亮更大；古人觀察到的日全食，比現在遮擋得更完整。而多年後的「未來人類」，恐怕就只能看見日環食了。在 6 億年之後，地球和月球的距離會增加 23,500km，從那時開始，即使月球在近地點，地球在遠日點，也將會因為月球離地球太遠，而不再發生日全食。當然，月球實際軌道平均半徑是 3.84×10^5km，6 億年的改變為 6%左右，仍然是個小數目。

3. 如果月球公轉比地球自轉快

這不是月球和地球的真實狀況，但卻可能是某個其他衛星的情形，因此我們也憑假想來簡單討論一下。

根據衛星繞行星運動的規律，公轉速度越大，軌道半徑就越小。月亮現在的公轉週期為一個月，設想它的速度在短時間內突然迅速加快，其軌道半徑將從 3.84×10^5km 變小，再變小，一直小到 4.2×10^4km 左右。那時候，月亮繞著地球轉一圈，只需要一天。我們的一年，不再有 1 ～ 12 月，只有一天又一天。月亮變成地球的同步衛星，不再有陰晴圓缺，我們每個時刻都看到一個一樣的月亮，有的地方看得到，有的地方看不到！然後，假設月球的公轉速度固定在比地球自轉稍快的某個狀態，我們再來重新考慮圖 6-3（b）中潮汐產生的摩擦力對地月系統的影響。這時圖中的方向都會反過來，因為衛星的公轉週期短於行星的自轉週期，潮汐水峰將加速行星（地球）的旋轉，而使得衛星（月亮）的角動量和能量減小，因而行星不會向外推衛星，而是將衛星朝自己身邊拉。最後，衛星會落到行星上面。

4. 地球為什麼不對月球鎖定

月球的自轉、公轉週期被同步鎖定，因而月球只有一面對著地球。在剛才的解釋中，如果我們將月球和地球的位置互換，同樣的道理也應該適用於地球，但地球卻不是只有一面對著月球的，這又是為什麼呢？地球為什麼沒有被月球的潮汐力「鎖定」呢？

不難想像，問題的答案一定與月球和地球的相對大小有關。大的容易影響和控制小的，小的就不容易影響大的了。具體來說，「潮汐鎖定」是需要時間的，只是逐漸鎖定，不會瞬間完成。星體越大，被鎖定所需的時間就越長。實際上，剛才的分析中提到的地球自轉速度逐漸變慢，是和趨向鎖定的變化方向一致的。

兩個天體能夠多快互相鎖定的問題，取決於兩個天體質量之比。在太陽系行星的衛星中，月球與地球的質量比是最大的：質量是地球的 1/81（1.2%）。但如果也考慮「矮行星」的話，就比不過冥王星的衛星凱倫（Charon）了。凱倫與冥王星的比例更大一些，質量比為 11.65%。這個大小比例，使兩者的共同質心已經完全在冥王星之外。

所以有人認為，凱倫不應該被視為冥王星的衛星，而應該將兩者視為一個都繞著質心旋轉的雙（矮行）星系統。凱倫與冥王星就是處於互相都被潮汐鎖定的狀態，它們倆以 6.387 天的週期互相繞圈跳著雙人舞，並且永遠以相同的「臉」遙遙相對，誰也看不見誰的後腦杓，見圖 6-4（a）。

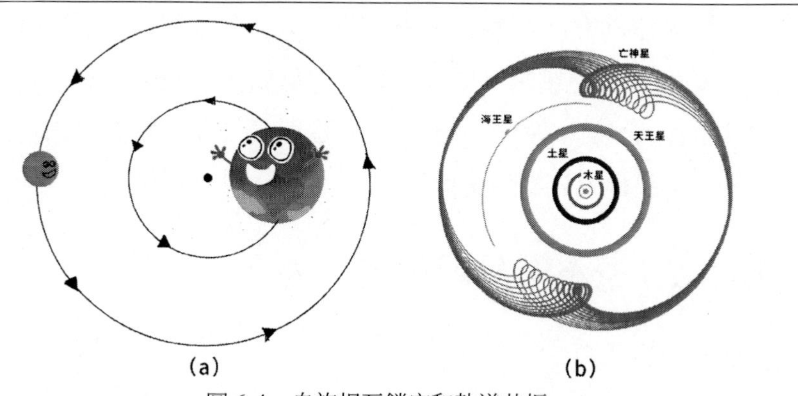

圖 6-4　自旋相互鎖定和軌道共振
（a）凱倫和冥王星相互自旋鎖定；（b）亡神星與海王星的軌道共振

5. 軌道共振

月亮自轉、公轉同步的現象，類似於一種共振，稱之為自旋與軌道間的「引力共振」，或「自旋軌道共振」。月亮的共振是屬於自轉公轉週期比為 1：1 的情形。天體運動中也觀察到很多其他比值的自旋軌道共振。比如說，水星的自轉與其繞太陽公轉週期的比值為 3：2。

除了天體本身的自旋會與軌道產生耦合之外，兩個離得比較近的天體軌道之間，也會互相耦合而產生共振。軌道共振是天體力學中的常見現象，類似於用反覆施加的外力推鞦韆所產生的累積效應。例如，木星的伽利略衛星木衛三、木衛二和木衛一軌道的 1：2：4 共振，以及冥王星和海王星之間的 2：3 共振等。圖 6-4（b）顯示亡神星與海王星的軌道共振。

6. 月亮其實不是「半遮面」

更仔細的計算表明，從地球上並不是剛好只能看到月球的一半，而是能夠看到整個月球的 59%左右。地球轉來轉去，偶然總能驚鴻一瞥，窺探到一點點月亮背面隱藏的祕密！這額外 9%的來源，與另一個叫做「天平動」的天體運動機制有關。

宇宙並不是一個上緊發條的大鐘，其中的天體遵循引力規律而運動，天體間的相對位置每時每刻都在因運動而改變。但變中有不變，對太陽、地球、月亮組成的三體系統而言，互相的公轉及各自的自轉是最基本的，其他可視為是基本運動狀態之外的「修正」。

天平動是一種緩慢的振盪。天平意味著平衡，平衡中有振動和搖擺，因而謂之「天平動」。對月球而言，自轉和公轉已經同步鎖定，但某些輕微的擺動使地球上的觀察者在不同的時間，能看見稍微有點不一樣的月面。這些擺動的原因有四種：緯度天平動、經度天平動、週日天平動和物理天平動，見圖 6-5。

經度天平動是因為月球的公轉軌道不是一個正圓，而是有少許離心率的橢圓，這使人類在東西側能多觀察到約 235km 的月面，見圖 6-5（a）。

緯度天平動是因為月球自轉軸對月球軌道平面不是絕對垂直而造成的，相當於在南北極方向能多看到約 200km 的距離，見圖 6-5（b）。

週日天平動是因為地球的自轉所造成的，它使地面上的觀測者從地月中心連線的西側轉至東側，將使赤道的觀測者能在東西側多看見約 30km 的區域，見圖 6-5（c）。

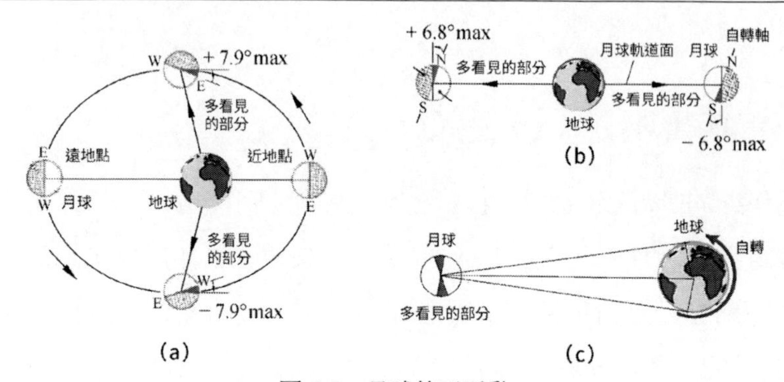

圖 6-5　月球的天平動
(a) 經度天平動；(b) 緯度天平動；(c) 週日天平動
註：W —— 西；E —— 東；N —— 北；S —— 南；max —— 最大值

前面三種可歸因於幾何原因造成的天平動，與軌道、轉軸方向，或地球大小等幾何因素有關。另外一種物理天平動，是由於各種原因（諸如地球引力、其他天體引力、月震等）造成的月球擺動。不過，物理天平動比幾何天平動小得多，只有百分之幾，通常忽略不計。

7. 月球地貌

上面介紹的都是有關月亮的軌道及自轉等力學特徵。現在大家已經明白，為什麼我們只看見月亮同一張「正面臉」的道理。然而，那臉上大片大片的陰影是什麼呢？人類用望遠鏡仔細觀察後，早就知道那不是什麼吳剛、嫦娥、桂花樹之類的神話故事角色，而是月表高高低低的地形反光不同造成的。不過，早期的天文學家們誤以為月球表面和地球表面類似，有山、有海，所以幫這些月球表面上相應區域所取的名字，不是山，就是海。不過山是隕擊坑（Impact crater，又稱環形山、撞擊坑），命名基本算正確，而什麼雨海、風暴洋、靜海、危海、澄海……等，就不符合事實了，這些海中一滴水也沒有，只是較為平坦、低窪的玄武岩平原，據推測是古代火山爆發的產物。其中面積最大的是風暴洋，橫跨月球南北中軸線，綿延達 2,500km 以上。

但是，人類雖然用望遠鏡把月亮正面看了不知道多少遍，仍然難以判定月球物質的成分，它們是否和地球上的成分一樣？還是有什麼新的物質結構？而對月球的背面，人類就更是知之甚少了。從圖 6-1 可以看出，月球背面沒有正面那麼多的陰影，是一張單純而明朗的「臉」，顯然有比較少的「月海」，那麼，它上面又主要是什麼呢？據說是一大堆起伏不平的隕擊坑。它們的成分如何呢？俗話說，「百聞不如一見」，要回答這些問題，最好還是要派使者登上月亮去看看。誰派出了第一位使者？且聽下回分解。

第 7 節
雙子星計畫成功　蘇聯棟梁病逝

說實話，蘇美太空競賽，打來打去的結果，卻對人類太空探險事業做出了非凡貢獻。此外，儘管蘇聯最後沒有成功登月，但他們早期的無人探月任務，對月球探測所做的努力，也不容忽視。

1959 年，蘇聯在幾次發射月球探測器失敗之後，成功地在同一年相繼發射了「月球 1 號」、「月球 2 號」、「月球 3 號」無人探測器。雖然「月球 1 號」與月亮失之交臂，但「月球 2 號」卻成功地擊中了月球，在月面上撞出一個大坑，成為第一個從地面上被人為「拋」到另一個天體上的人造物體。「月球 3 號」則第一次繞到月球背後，拍攝到 70%的月球背面照片，讓人類第一次大開眼界，看到了幾千年未曾見過的月亮「後腦杓」。

從基本物理原理的角度而言，發射人造地球衛星比較簡單，只要火箭有足夠的推力，將衛星加速到第一宇宙速度以上，衛星就可以圍繞地球而轉了。但如果要將人送到月球上，進行科學考察活動，還要安全地返回到地球，就需要更多的精密策劃和嚴謹考慮。

把人送到太空、月球，再到其他星球，即「載人太空探險」，是一個史無前例的偉大事業，這其中要考慮哪些主要因素呢？

人類身為生物體，對太空的環境能否適應？這是首要研究的問題。比如，失重對太空人心理及生理方面的影響，太空中宇宙輻射、與流星碰撞等問題，都需要考慮。這些問題除了理論研究外，需要進行多次動物實驗，蘇聯發射第二顆人造衛星時，帶小狗「萊卡」的目的之一，便是研究生物體對太空特定環境的反應。繼「萊卡」之後，蘇聯衛星還帶過多隻狗狗上太空。美國人沒用小狗，而是使用猿猴和黑猩猩進行動物太空實驗。這些動物對點火、發射、加速、失重等飛行條件，似乎都感覺良好，因此增加了科學家對載人太空探險的信心。

蘇聯和美國幾乎同時開始進行載人太空探險計畫。蘇聯的「東方計畫」和美國的「水星計畫」，都在 1958 年啟動，分別代表兩個大國太空探險計畫的第一步。如前所述，當年的蘇聯在太空競賽中似乎領先，蘇聯人加加林早於美國人進入太空。但實際上，美國的火箭實力並不遜於蘇聯，美國輸在研發機構的分散和混亂；蘇聯贏在政府對科技的集中權威控制。美國科學家和工程師們不斷地研發太空探險新技術，也不利於那種「趕時間、搶第一」方式的競爭，但日子久了，實力最終仍會凸顯出來，蘇聯暫時領先，造成美國民眾心理不平衡，兩大國的太空探險專家們處於不同的「壓力」之下，決心要在登月途中再見分曉。

人類夢想「登月」，卻不可能一步登天。就美國的太空探險計畫而言，第一步的「水星計畫」包括太空生物學研究，進行靈長類動物太空實驗，最後將人送入地球軌道等研究任務。該計畫於 1963 年完成，之後被「雙子星計畫」取代。雙子星計畫旨在為其後的「阿波羅計畫」做準備，累積更先進的技術，包括以下這些具體項目：實現艙外活動和軌道機動；太空船之間的交會對接；延長太空人和飛船在軌道的駐留時間至兩週左右，以便足夠前往月球並返回；測試載人系統的安全性，並在預定地點著陸；為太空人提供太空飛行中需要的「零」重力環境和飛行器對接的經驗。

一般認為登陸月球有三種方案。一是直接登月，即用大型火箭把載有太空人的太空船直接發射到月球表面，完成任務之後，太空船又從月球返回地球。第二種叫「地球軌道交會」，意思是用較小型的火箭將登月太空船的不同部分送入地球軌道，在地球軌道上進行交會對接後，再前往月球，然後返回。

直接登月的方案是一步到位，似乎簡單，但不太保險，聽起來像是「發射炮彈」，且需要巨型運載火箭。第二種的優越性是可以使用推力較小的火箭，但在地球軌道上「交會」並沒有經驗，不知道成功的機率有多大，專家們更傾向於第三種「月球軌道交會」的方案，見圖 7-1（c）。這種方案中，太空船分為「母船」和「登月艙」兩部分，由大型火箭將整個太空船發射到繞月軌道上，之後在月球軌道上兩名太空人進入登月艙，駕駛登月艙與母船分離，並降落在月球上。然後，母船繼續環繞月球飛行，在繞月軌道上等待登月艙返回。登月太空人完成任務後，返回登月艙，駕駛登月艙飛離月球並返回月球軌道，與繞月飛船對接後返回地球。

無論地球交會還是月球交會，整個太空船都是由能分能合的兩部分組成。因此，在真正實施登月計畫之前，有兩個重要問題需要考慮，第一是太空船的運行軌道如何從環繞地球的軌道，轉換到環繞月球的軌道；第二是兩個太空船在軌道上的交會和對接問題。這些便是美國「雙子星計畫」要達到的目標。如果再具體到該計畫的第一步，首先需要研製能夠安全負載兩名太空人的飛船，並且使用這個飛船進行「太空漫步」。

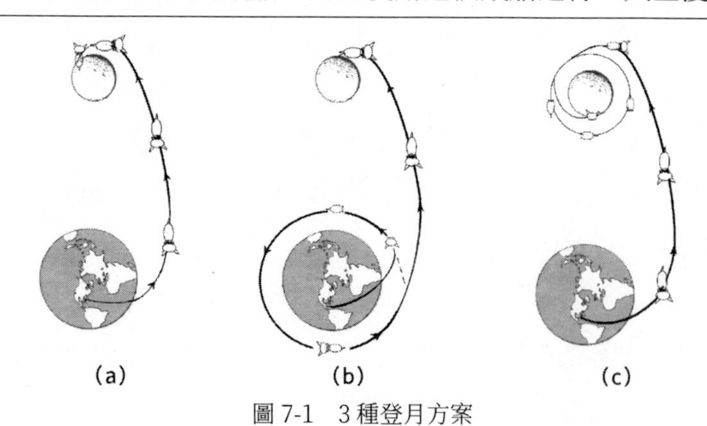

圖 7-1　3 種登月方案

（a）直接登月；（b）地球軌道交會；（c）月球軌道交會

蘇聯知道美國的「雙子星計畫」後，便也匆忙制訂了一個「上升號」飛船計畫。但是，當年赫魯雪夫以及蘇聯科技界，都太在乎要早於美國，搶到第一，在一定程度上造成浮誇和急功近利，妨礙了科學技術研究的長遠目標。

赫魯雪夫熱衷於太空計畫，因為在太空競賽初期，蘇聯搶先美國的事實，帶給他不少國際範圍內的政治資本和個人威望。他曾經在訪問美國時，送給艾森豪一枚蘇聯勛章，並得意揚揚地指著它說：「知道嗎？我們已經將它掛到了月球上！」他督促蘇聯的太空探險專家們制定「上升號」飛船計畫的目的，就是要和美國的「雙子星計畫」相較量，最好還要搶先和超過！要在雙子星計畫之前，完成載兩人的首次太空探險飛行。

為了爭取時間，科羅廖夫決定不研製新的「上升號」飛船，而是在「東方號」飛船的基礎上，改進成能載兩人的飛船。但剛剛將飛船改裝完成，赫魯雪夫又別出心裁，要求飛船要能裝三個人。既然美國坐兩個人，那我們就要坐三個人，人數要先超過他們！赫魯雪夫要求在 1964 年 11 月 7 日國慶之前，把三人同時送入地球軌道。為了滿足領導者的願望，無可奈何的工程師們想盡辦法，減少飛船攜帶的儀器設備，簡化安全措施，甚至讓三名太空人冒險不穿臃腫的艙外活動太空衣。想出這個絕招的工程師親自身體力行，與另外兩名夥伴一起穿著輕便服裝，擠進「上升 1 號」飛船排成「品」字的三個座椅中，「上升 1 號」於 1964 年 10 月 12 日升空，在地球軌道上繞地飛行 16 圈，歷時 24 小時又 17 分鐘，最後返回地面。所幸這個過程中沒有發生事故，且又為蘇聯奪得一個「載多人太空飛行」的第一名。

有意思的是，當「上升 1 號」飛船返回地球的那天，蘇聯的政局發生了變化，布列茲涅夫等人在莫斯科發動政變，赫魯雪夫被免除一切職務，強迫「退休」。布列茲涅夫雖然不像赫魯雪夫那樣熱衷於太空探險，但與美國太空競賽的意識仍然暫時統治著蘇聯科技界。

蘇聯得知美國人要進行艙外活動的消息，這又是一個搶「第一」的機會。科羅廖夫想了一個巧妙的辦法，在「上升」飛船的壁上開一個口，供太空人進行艙外活動時，出、入座艙之用。不過這次，太空人要出艙到艙外活動，太空衣必不可少了，所以飛船只能載兩人飛行。

1965 年 3 月 18 日，「上升 2 號」飛船載了指令長別利亞耶夫和駕駛員列昂諾夫兩名太空人升空，列昂諾夫將承擔艙外活動的任務。

由於準備工作不是很充分，使列昂諾夫的艙外活動成為一場「太空驚魂」。

飛船從一起飛就不順暢，預計的地球軌道是 300km，但那天的運載火箭推力似乎過大，將飛船推到了 500km 的高度。列昂諾夫原計劃在飛船繞地球的第一圈出艙，但卻直到第二圈才打開艙門。列昂諾夫身穿太空衣，心情緊張地從艙口伸出了戴著頭盔的腦袋和肩膀。事後據列昂諾夫回憶，當時「我輕推了一下艙蓋，整個身體就呼地一下被彈出去了，完全不由自主，就像一個水瓶上的軟木塞一樣衝出了艙口」。還好他身上預先繫了一根 5.35m 長、與飛船相連的繩鏈，也衝不到哪裡去！不過，面對茫茫太空的驚嚇，無助之情卻可想而知。

據說當時在電視機前觀看這個「里程碑事件」的觀眾們，看見列昂諾夫衝出艙門後，在太空「翻了幾個跟斗」，還以為他是在歡樂、暢快地表演。但實際上，他的身體隨著飛船的旋轉而快速地旋轉，這完全是自己無法控制的動作。幸好，連接飛船和身體的 5.35m 長的繩子，把他纏繞著靠近了艙口，才停止了旋轉。這些意外讓列昂諾夫緊張得出汗、心律失常，只好匆匆結束艙外活動。但在回艙時，身子又被卡在了艙門口。這時候，由於太空的真空作用，列昂諾夫身上的太空衣鼓脹成一個直徑 190cm 的大氣球，使他怎麼也進不了 120cm 寬的艙門，只好高聲大叫「我來不及了！我回不去了！」還好在最後的危急關頭，這位久經訓練的太空人突然想起以前教練曾經指出，太空衣的腰部設有四個釋放空氣的按鈕，這才終於讓太空衣癟了下來，列昂諾夫得以進入艙內。10 分鐘的艙外活動，以及為了擠進艙門與太空探險服搏鬥了 12 分鐘，列昂諾夫大汗淋漓，心律達到每分鐘 190 次，靴子裡積聚了 6L 汗水。

不僅如此，飛船返航時也是險象環生。飛船自動導航定位系統發生故障，飛船呼嘯著落在偏離預定點 3,200km 的原始森林深處。兩位太空人不得不在暴風雪中爬出艙門發出求救訊號。第二天，正在全世界搜尋他們的人員才終於從空中發現了他們。

在蘇聯又奪得了這兩個「第一」後不久，美國也實現了載兩人的飛船發射，及美國太空人的第一次艙外活動。

當初蘇聯「東方計畫」的目的基本上是以科學為主，探索太空探險飛行和微重力對人體的影響。而到了「上升號計畫」的二次飛行，主要目的變成「獲得第一」。儘管在這方面獲得成功，但對科技而言，也造成不少負面影響。「上升號」飛船在太空中的諸多不順情況，不僅讓身歷其境的太空人心律加速，還使原本就有嚴重心臟病的總設計師科羅廖夫病入膏肓。1966 年，這位為蘇聯太空探險事業操碎心的關鍵人物，在一次手術中不幸去世，給蘇聯的未來登月計畫，帶來了沉重而致命的打擊。

另外，美國的「雙子星計畫」成就卓越。計畫所使用的雙子星飛船，由加拿大設計師吉姆 · 張伯倫設計。它不像蘇聯那樣，由前一個計畫的飛船改造，是在設計中考慮新計畫的各種技術要求而重新建造，由此也促進了不少相關技術的發展。比如，「雙子星計畫」將載人飛行的時間從 1 天，提高到了 14 天，這項要求促進了長效使用的燃料電池的開發。

更為重要的是，「雙子星計畫」在軌道交會和對接上獲得很大的成功。交會和對接的意思，就是將兩個太空船會合連成一個整體。一般而言，交會對接過程分四個階段：地面導引，自動尋的，最後接近和停靠，對接合攏。兩個太空船分別被稱為「追蹤太空船」和「目標太空船」。在導引階段，由地面控制中心操縱「目標太空船」，經過變軌機動，進入到追蹤太空船能捕獲到的範圍（15 ～ 100km）。在自動尋的階段，追蹤太空船利用微波和雷射探測器，測量與目標太空船的相對位置及速度，並自動導航到目標太空船附近（距離 0.5 ～ 1km）。在最後接近和停靠階段，目的是對準對接軸、進入對接走廊，這個過程中，兩個太空船之間的距離約 100m，相對速度為 1 ～ 3m/s，追蹤太空船需要精確測量兩個太空船的距離、相對速度和姿態，同時啟動小發動機進行機動，使之沿對接走廊向目標逼近。最後，關閉發動機，進行對接合攏，即以 0.15 ～ 0.18m/s 的停靠速度與目標相撞，使兩個太空船在結構上，包括訊息線、電源線和流體管線實現硬連接。

由以上敘述可知，太空船的交會過程很不簡單，為此，「雙子星」飛船發展出一整套電腦程式控制系統，為後來的「阿波羅計畫」太空船的交會對接任務，提供了自動控制的基礎。此外，「雙子星」飛船在駕駛艙的環境控制系統、太空人生命保障系統方面，都進行了新的設計，加強了可靠性。

「雙子星計畫」從 1961 年開始實施，在 1965 ～ 1966 年間，共進行了 10 次載人飛行及更多次數的無人飛行。在地球軌道上實施了多次艙外活動、太空船交會、變軌、機動、對接等載人登月需要的關鍵技術，為「阿波羅計畫」鋪平道路。「雙子星計畫」於 1966 年結束時，美國在載人太空探險方面，已經毫無疑問地全面超過蘇聯 [2]。欲知美蘇競爭結果如何，且聽下回分解。

第 8 節
「阿波羅」載人月球漫步　N1 火箭發射失誤

1.「阿波羅 11 號」成功登月

「阿波羅計畫」採用的是「月球軌道交會」的方案，見圖 8-1。在這種方案中，太空船分為「母船」和「登月艙」兩部分，由大型火箭將整個太空船發射到繞月軌道上，之後，在月球軌道上的兩名太空人進入登月艙，駕駛登月艙與母船分離，並降落在月球上。然後，母船繼續環繞月球飛行，在繞月軌道上等待登月艙返回。登月太空人完成任務後，返回登月艙，駕駛登月艙飛離月球，並返回月球軌道，與繞月飛船對接後，返回地球。

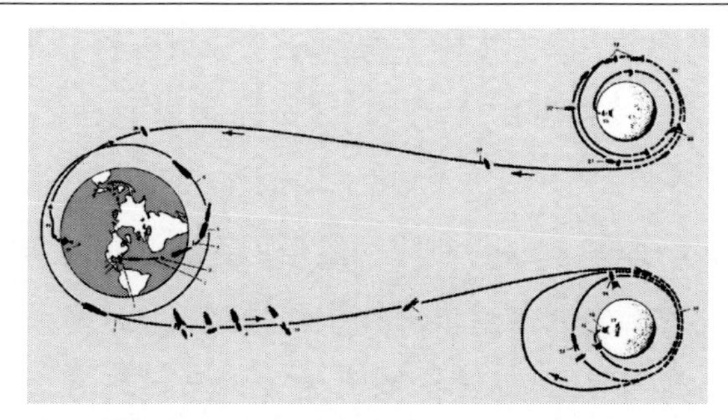

圖 8-1　「阿波羅」的月球交會軌道（圖片來源： NASA）

1969 年 7 月 20 日，「阿波羅 11 號」的登月艙成功著陸月球，美國太空人阿姆斯壯（Neil Armstrong，1930 ～ 2012）在月球表面留下了人類的第一個腳印，他幽默地說：「這是我個人的一小步，卻是人類的一大步。」第二位太空人艾德林（Buzz Aldrin）也隨後跟上，登陸了月球。另一位太空人科林斯（Michael Collins）則留守在繞月環行的母船「哥倫比亞號」上。有趣的是，在登月艙出發之前，休士頓地面指揮中心的通訊員，與幾個太空人間有一段極有意思的對話。通訊員說：「請注意一位名叫嫦娥的可愛姑娘，她帶著一隻大兔子，已經在那裡住了 4,000 年！」太空人隨口回答：「好的，我們會密切關注這位兔女郎。」

2. 勝利的失敗：「阿波羅 13 號」

美國電影「阿波羅 13 號」描寫了「阿波羅計畫」中第 3 次載人登月的真實事件。「阿波羅 13 號」發射兩天之後，服務艙的氧氣罐爆炸，太空船嚴重毀損，失去大量氧氣和電力。在太空中發生如此大的爆炸事故，人們以為再也見不到執行這次任務的三位年輕人了。然而，三位太空人克服困難，與地面控制團隊緊密配合，使用太空船的登月艙作為救生艇，成功地返回到地球，創造了太空探險史上的奇蹟，被稱為一次「勝利的失敗」。

當年參與救援的一位工程師，後來在「今日宇宙」網站上發文總結說，「阿波羅 13 號」獲救是因為存在 13 個條件 [3]。

「阿波羅 13 號」是在去月球的半途發生事故的。照常理來說，發生爆炸後應該盡快掉頭，返回地球。但是，直接掉頭必須先迫使飛船反向，這需要很大的推力。供給推力的服務推進系統，正好位於發生事故的服務艙尾部，如果點火燃燒推進系統，很有可能再次引起爆炸。因此，指揮中心決定利用「自由返回軌道」返回地球。

所謂「自由返回軌道」的方法，指的是「借月球一臂之力」，充分利用月球引力的自然助推作用，來使得太空船轉向返回。

在正常發射月球探測器時，也可以使用這種方法來節約燃料。月球探測器發射之後只需要在地月轉移軌道上進行一次變軌，飛抵月球軌道後，便能在月球的引力作用下繞過月球，再自動返回地球，如圖 8-2（b）所示。

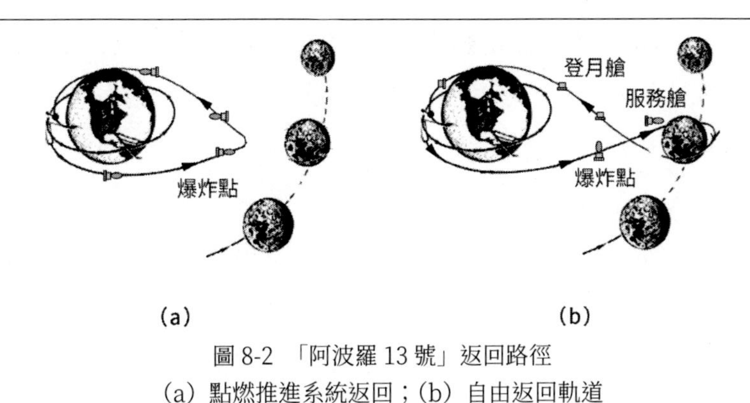

圖 8-2　「阿波羅 13 號」返回路徑
（a）點燃推進系統返回；（b）自由返回軌道

「阿波羅 13 號」的情況與正常發射稍有不同，是一種應急處理。總之，三名太空人與地面控制人員緊密配合，最後選擇利用月球引力返航的方法。「阿波羅 13 號」使用登月艙的降落火箭，稍作機動變軌進入到「自由返回軌道」。然後，待登月艙繞過月球背面後，降落火箭被點燃，以加速登月艙返回地球的速度，最後順利地進入地球軌道，並安全返回地面。

3. 蘇聯為何沒有登月

蘇聯為登月設計的方案，基本上與「阿波羅計畫」一樣，也是採取「月球軌道交會」的辦法。

為了達到送人登月的目的，需要用到大型的運載火箭。運載火箭技術是太空探險技術的基石，美蘇火箭技術都是從洲際彈道飛彈發展而來，大同小異，水準應該不相上下，差別是後來一些細節上的發展變化。火箭需要在無空氣的太空飛行，必須攜帶燃料和氧化劑。那時美國和蘇聯的火箭，使用的都是「煤油、液態氧」的發動機，就這一點，也沒有差別。

火箭發動機有三大指標：推力、比衝、效率。推力決定了能給予太空船的速度，超過第一宇宙速度方能將太空船發射至太空；比衝指的是單位質量推進劑能產生的衝量，比衝越大，火箭產生的推力才能更持久；第三個指標「效率」，指的是燃料燃燒的效率。顯而易見，其中推力是最重要的，沒有足夠的推力，上不了太空。比衝也很關鍵，比衝不夠的話，進得了太空，但到不了月球！比較而言，效率便只是燃料用多用少的問題了。

美國人登月使用的是布勞恩等人設計的「神農 5 號」三級火箭，這是太空探險史上最大的火箭，高達 110.6m，質量 3,039t，有效載荷 45t。迄今，它仍保持最高、最重、推力最強的運載火箭紀錄。

科羅廖夫為蘇聯設計的是「N1 運載火箭」，其尺寸比「神農 5 號」稍小，但運載能力更大。N1 的研發工作比「神農 5 號」晚，之後由於資金短缺，未經過嚴格測試，便進行發射試驗。美國「神農 5 號」的 13 次發射試驗次次成功，而 N1 的四次發射試驗，卻全部失敗，其中三次是在發射後爆炸，最嚴重的一次是尚未發射就爆炸了。在 1969 年的第三次發射試驗之前，因為一顆鬆動的螺栓被吸入了燃料泵，導致 30 臺發動機中的 29 臺停止工作而造成爆炸，將發射臺都炸毀了，這是火箭應用歷史上，最大規模的爆炸，見圖 8-3（b）。

有人認為N1的設計也有問題，比如，它使用了30臺發動機，而「神農 5 號」只有五臺發動機。這麼多的發動機，可能也是造成爆炸的潛在原因。30 臺發動機！不由得使人聯想到「萬戶飛天」時，綁在椅子下面的 47 支沖天炮。

為什麼 N1 火箭要使用 30 臺發動機呢？N1 火箭是多級火箭，第一級是基於當年蘇聯一位年輕的設計師庫茲涅佐夫設計的 NK-15 發動機。

NK-15 使用了當時比較先進的富氧燃燒技術，燃燒效率比較高，但單機推力卻有限。為了達到足夠的推力，科羅廖夫設計 N1 火箭時才不得不在第一級並聯了 30 臺 NK-15 發動機。

圖 8-3　美國和蘇聯的登月運載火箭（圖片來源： NASA）
(a)「阿波羅 11 號」和「神農 5 號」;(b) N1 火箭爆炸

蘇聯當時還有另一種 UR500/700 火箭，研製者切洛梅是科羅廖夫在蘇聯內部的競爭對手，這種火箭用一種有劇毒的化學物質代替煤油作為推進劑，遭到科羅廖夫的強烈反對。但因為切洛梅任用了赫魯雪夫的兒子當助手，所以在蘇聯高層不乏支持者，最後造成兩種火箭方案平分秋色的局面。雖然科羅廖夫仍然是登月的總設計師，但有限的資源卻被分走了一半。

美國的 NASA 則看中洛克達因公司設計的 F-1 煤油液氧發動機。五臺 F-1 被並聯安裝在「神農 5 號」火箭第一級，便達到足夠的推力，最後運載著「阿波羅 11 號」，成功地完成了登月任務。使用 30 臺發動機的蘇聯 N1 火箭系統非常複雜，從自動控制的觀點來看，發動機數目太多，大大增加了系統的不穩定性。不過，可憐而又算幸運的科羅廖夫，還沒有來得及看到 N1 火箭的失敗，就辭世了。科羅廖夫得了癌症，又勞累過度、心力衰竭，於 1966 年 1 月 14 日與世長辭，終年才 59 歲。

他的副手米申院士繼任。不過，缺乏他那種政治頭腦和身為總設計師的威望，試射頻頻發生事故。後來由於種種原因，蘇聯在 1976 年正式取消了 N1 運載火箭工程，給蘇聯的登月計畫致命的打擊，因為沒有足夠運載能力的大型火箭，載人登月、並安全返回是不可能的。再後來，隨著 1991 年蘇聯的解體，蘇聯太空探險事業幾近停滯。這正是：「火箭鋪就登月路，邁出人類第一步，蘇美冷戰 20 載，太空宇宙見功夫。」

太空船的軌道設計很講究，很多時候可以盡量利用大自然的推力，就像「阿波羅 13 號」返回時所採用的「自由返回軌道」，便能「借月球一臂之力」，這種方法叫「引力助推」，欲知「引力」如何能「助推」，且聽下回分解。

第 9 節
三體運動生混沌　引力助推盪鞦韆

太空船被運載火箭推向太空之後，就變成了一顆「星星」。也就是說，僅僅從引力的角度來看，它們可以和其他宇宙中的自然天體一樣，遵循引力定律，而在一定的軌道上運動。不同的是，只要它們還能與地球通訊、只要它們的引擎能啟動、還有足夠的燃料，發射它們的地球人，就還有可能控制和改變它們的運動。就像飛上藍天的風箏，飛得再高，也還有一根牽連的細線被主人抓在手上！所以，太空中的太空船有兩種基本的運動方式：自由飛行段和主動飛行段。

前者指的是，按照引力規律自由運動的階段。比如說衛星繞著地球轉圈，就是不需要引擎的。後者則指太空船上的發動機點火階段。什麼時候需要將發動機點火呢？那是需要將太空船從一個軌道做一點改變，或者是「跳」到另一個軌道的時候。比如說，要從環繞地球的軌道「跳」到環繞月球的軌道。這種情況一般不會自動發生，需要人為「遙控」、預先設定，或由太空人操作。這種人為點火而改變運行軌道的技術，稱作「軌道機動」。既然是人為改變，就要達到各種不同的目的，因此軌道機動實際上包括了軌道轉移、軌道交會、軌道保持和修正、改變軌道平面等不同的目的。再以剛才說的人造地球衛星為例，雖然衛星繞地球轉不需要引擎，但時間久了以後，因為攝動力的原因，軌道可能會偏離我們的要求，這時候就可能需要人為的「機動」來進行修正。發射到遠處星球的太空船就更不用說了，漫長征途中需要多次「變軌」。

軌道機動除了改變軌道之外，還可以控制太空船的方向和「姿態」，以達到某種目的，這點在載人太空探險返回地球或降落到月球和其他星球時，特別重要。就像飛機一樣，保持正確的姿態才能安全著陸，否則後果便不堪設想了。

因此，太空船比天然星體更具優越性，因為它們的軌道可以人為地進行選擇。但這個優越性是以「攜帶燃料」作「機動」換來的。太空船能夠攜帶的燃料有限，因此，太空船的軌道設計者便希望能更加利用「自然飛行」，盡量少作機動。這其中用得很多方法，叫做「引力助推」。

1. 引力助推

如果有人問你，人類飛向太空的第一阻力是什麼？大多數人會不約而同地回答：引力。的確如此，人類實現飛天夢的最大困難，就是克服地球的引力。我們從物理中，就學到了如何計算幾個宇宙速度，那是人類擺脫地球或太陽引力的束縛、衝向太空的幾道門檻：如果達到第一宇宙速度（7.9km/s）能讓物體圍繞地球旋轉；如果達到第二宇宙速度（11.2km/s）便可以克服地球引力，繞著太陽轉；第三宇宙速度（16.7km/s）則標誌著能擺脫太陽的引力羈絆。

不過，想跨越這幾個門檻談何容易？人類努力了幾 10 年，迄今發射速度最快的太空船「新視野號」（new horizons），2006 年發射時，相對地球的速度為 16.26km/s，尚未達到第三宇宙速度。然而，人類於幾 10 年前發射的兩個「航海家號」探測器（Voyager1 和 Voyager 2），旅行中的最高速度卻大大超過了這個速度。這其中有何奧祕呢？人造飛行器額外的動能從何而來？

以上問題的答案也是「引力」。也就是說，對人類發射的太空探險飛行器而言，引力有時是阻力，有時又可能成為「推力」。我們可以利用太陽系中各大行星與飛行器間的引力作用，來加速飛行器。換個通俗的說法，讓飛行器從高速運動的行星旁邊掠過，順便從行星身上「揩點油」，讓自己得到加速度。

這種方法叫做「引力助推」，太空探險技術中經常使用來改變飛行器的軌道和速度，以此節省燃料、時間和成本，這種方法既可用於加速飛行器，也可用於在一定的情況下，降低飛行器的速度。

圖 9-1（a）中的曲線所示，便是「航海家 2 號」的速度在飛行過程中的變化情形。注意圖中的速度是相對於太陽系坐標而言，因而與我們提及的相對於地球坐標而言的「宇宙速度」值有所區別，其差值是地球的公轉速度，大約 30km/s。曲線上的四個尖峰分別代表該飛行器在木星、土星、天王星、海王星經過時，因為「引力助推」而產生的速度變化。圖中也畫出了NASA在2006年1月發射的「新視野號」的速度曲線，與「航海家號」的速度曲線相比較，明顯看出在四個行星附近，「引力助推」對「航海家 2 號」的加速作用。圖 9-1（b）則顯示了兩個「航海家號」探測器的行程。

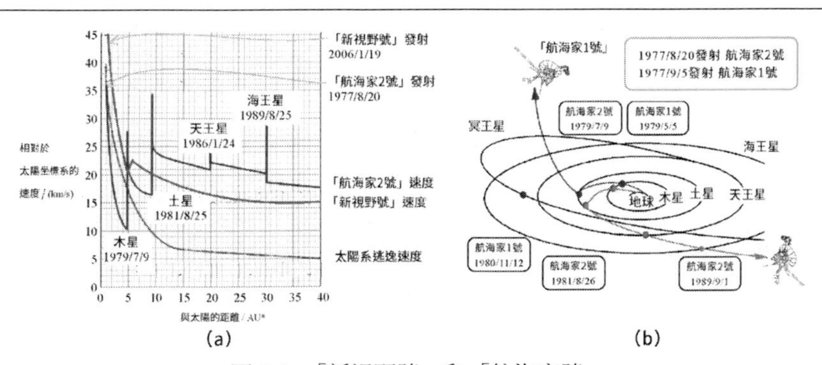

圖 9-1　「新視野號」和「航海家號」

（a）從速度曲線可見引力助推的作用；（b）「航海家號」的行程

*1 AU 也被稱為 1 個天文單位，是從太陽到地球的平均距離。

不過，採用引力助推的方法也要等待時機。在 1964 年夏天，NASA 噴射推進實驗室一位名為弗朗德魯（Flandro）的研究員，負責研究探索太陽系外行星的任務。弗朗德魯經過計算，研究木星、土星、天王星和海王星的運動規律，發現了一個 176 年才有一次的最好時機，那段時間（大約 12 年）內，木星、土星、天王星和海王星都將位於太陽的同一側，形成一個特別的行星幾何排陣，是實現「引力助推」的理想地點。基於這點，專家們促使 NASA 啟動了「航海家號」探測器計畫。

1977 年 8 月 20 日和 9 月 5 日，「航海家 2 號」和「航海家 1 號」分別從佛羅里達州的太空探險中心發射 [4]，它們是兩個幾乎一模一樣的「雙胞胎姐妹」太空船，攜帶鐫刻了地球人類的消息和錄音的金唱片，它們的電腦內存只有 64KB（很多年前的老古董電子設備，諸位可想而知是什麼模樣！）。「航海家 2 號」比它「姐姐」的速度稍慢一點，但成果不菲，順利完成了造訪四個外行星的任務。這對「姐妹花」都曾經探測過土衛六的地貌，雖然不是很成功，但也為後來的探索提供了許多有用的訊息。土衛六是土星衛星中最大的一顆，被認為極有可能存在生命跡象！「航海家 2 號」旅途中的四次「引力助推」，將原本需要 40 年完成的「4 行星探索」任務，在十年左右的時間內就提前完成了！「航海家 1 號」在很快地訪問了木星和土星之後，繼續高速飛行，如今已經越過太陽系的邊界，到達星際太空，成為飛出太陽系的第一個人類使者。兩位「航海家」雖然早已完成為它們預訂的任務，卻並未「退休」，至今為止，仍然透過遙遙星空，每天向人類傳送有用的資料。因為它們與地球相距遙遠，這些訊息要延遲 17 小時左右，才能被人類收到。

2. 原理

最早（1918 ～ 1919）提出這個想法的是一位蘇聯物理學家尤里．孔德拉秋克。尤里於 1897 年生於烏克蘭，是太空工程與太空探險學的一位先驅和理論家，曾被蘇聯政府流放和監禁，但他在艱難的環境下，仍不忘鑽研航太理論。後來，在第二次世界大戰中，尤里自願入伍，加入蘇聯紅軍，並於 1943 年在戰爭中陣亡。

儘管精確地計算飛行器的引力助推過程需要複雜的數學，但其物理原理卻可以用圖 9-2 中的例子，簡單地使用動量守恆定律來直觀解釋。引力助推也被稱為「引力彈弓」，因為它與彈性碰撞頗為類似。它利用飛船與行星、太陽之間的萬有引力，使行星與飛船交換軌道能量，像彈弓一樣把飛船拋出去。如圖 9-2（b）所示，想像把一個籃球，投向一列對面疾駛而來的火車。設籃球速度為 $v_1 = 5\text{m/s}$，火車速度 $u = 10\text{m/s}$，方向相反。最後結果如何？考慮火車的質量比籃球質量大很多，籃球質量幾乎可以忽略不計的簡單情況下，得到的結論是：在碰撞之後，籃球在火車那裡「撈了一把」，將以 $v_2 = v_1 + 2u = 25\text{m/s}$ 的速度向後方（火車的前方）飛去。火車因為質量大，速度幾乎不變，仍然以原來的速度 u 照常行駛。人類發射到土星軌道附近的飛船與土星相遇時的情形，便與剛才描述的「籃球撞火車」十分類似，只是飛船與土星並未直接接觸，而是像圖 9-2（a）所示的那樣，繞行過去，引力在其中扮演著重要的角色。兩者的物理原理雖然不同，但最後效果卻是類似的：飛船得到了兩倍於土星速度的速度增加。

也許有人會覺得以上的說法有違能量守恆。結論當然不是如此，實際上，在兩種情形下，嚴格的計算都需要用到能量守恆。籃球的速度增加了，雖然看起來對火車似乎沒有影響，但應該有那麼一點極其微小的擾動，籃球增加的動能最終是來自火車的動力系統。在飛船的情況，能量則來自行星或太陽系。

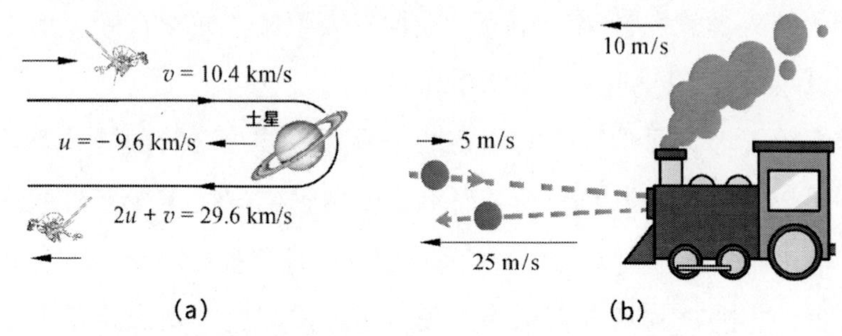

圖 9-2　理解引力助推（或稱「引力彈弓」）原理的直觀圖

引力助推想法早已被蘇聯物理學家提出，據說蘇聯的「月球 3 號」就應用此技術，繞到月球背面拍下了照片。但是，真正認知並深入研究這項技術的人，是美國數學家麥可・米諾維奇（Michael Minovitch）。

麥可當時（1960 年代初）還只是加州大學洛杉磯分校的一名研究生，他因為研究「三體問題」，而獲得使用當時最快電腦的機會。在他模擬「三體問題」的過程中發現，一艘飛船飛經繞日的行星，可以在不使用任何火箭燃料的情況下，竊取行星的一點軌道速度，而加速離開太陽，麥可由此而了解引力助推對加速太空船的巨大潛力，並說服 NASA 將此思想運用於實踐。

3. 三體問題和拉格朗日點

三體問題歷史悠久，還得從牛頓時代說起。牛頓創建了微積分和萬有引力定律之後，自然先迫不及待地將它們用於研究天體的運動問題。他用數學方法嚴格地證明了克卜勒三大定律，使二體問題得到徹底的解決。所謂二體問題就是，只考慮兩個具有質量 m_1 和 m_2 的質點之間的交互作用（通常是考慮萬有引力）時，研究它們的運動情況。也就是說，像地球的自轉、形狀等，我們通通是不考慮的。二體問題，數學上可以歸結為求解如下的微分方程式：

$$F_{12}(x_1, x_2) = m_1 x_1 \quad (1)$$

$$F_{21}(x_1, x_2) = m_2 x_2 \quad (2)$$

公式中的 F_{12} 和 F_{21} 是兩個質量之間的作用力，在天體運動情況下是萬有引力，在微觀世界中可以是其他的力，比如電磁力。不過我們在本書中談及二體、三體或 N 體問題時，只考慮萬有引力。牛頓時代就已經得到上述二體問題的微分方程式精確解，凡是學過國中物理的人都知道，這時的二個質點，在一個平面上繞著共同質心作圓錐曲線運動，軌道可以是圓、橢圓、拋物線或雙曲線。不過，在大多數實用情況下，人們通常感興趣的是橢圓軌道類型的問題。因為對其他兩種情況，天體不知跑到哪裡去了。也許有了新的同伴，那就是另外的新問題了。因此，之後考慮三體問題時，大多數情況，我們也只討論互相作繞圈運動的情形。

二體問題的成功解決，帶給牛頓希望，他自然地開始研究三體問題，但沒想到從二加到三之後的問題使牛頓頭痛不已。豈止是牛頓，之後的若干數學家，甚至幾百年之後的今天，三體問題仍然未能圓滿解決，大於 3 的 N 體問題自然就更為困難了。如此困難的三體問題，是天體運動中非常常見的情況，比如考慮太陽、地球、月亮三者，或者研究飛船、行星、太陽的運動規律時，就是典型的三體問題。

從數學方法來說，解二體和三體問題都是解微分方程組，但二體問題可以透過求積分就簡單解決了，同樣的方法卻無法對付三體問題。不過數學家們總有他們的辦法，問題解不出來時，就將其簡化。既然二體問題之解令人十分滿意，那就在二體問題解的基礎上做文章。首先可以假設，三個天體中有兩個的質量 m_1 和 m_2 比第三質量 m 要大得多。所以，第三個小天體對兩個大天體的影響完全可以忽略，這樣就可以將兩個大天體的運動作為二體問題解出來。然後，再將第三個天體視為是在前兩個天體的引力場中運動的粒子，而求解其運動方程式。這樣簡化後的問題被稱之為「限制性三體問題」。但實際情況令人很不愉快，即使是簡化到了這種地步，小質點 m 的運動方程式仍然無法求解。

於是，又進一步簡化成「平面限制性三體問題」，就是要求三個質點都在同一個平面上運動，但似乎還是得不出方程式的通解。

得不到通解，便研究一些近似解和特殊解，這兩方面倒是有點成效。頗為成功的近似方法是「攝動理論」，實質上就是一種微擾法。考慮兩個物體的運動，將第三個物體的作用作為對前二者的微擾。使用這種方法解決和預測太陽系中的一些現象，卓有成效。

對「平面限制性三體問題」，18 世紀的歐拉（Leonhard Paul Euler）和拉格朗日（Joseph-Louis Lagrange）則求到了小質量運動方程式的幾個特解[5]，見圖 9-3。

這些小質量在二體系統中的特解，被統稱為「拉格朗日點」。這是指在兩個大物體的引力作用下，能使小物體暫時穩定的幾個點，其中的 L_1、L_2、L_3 實際上是歐拉得到的，L_4 和 L_5 由拉格朗日在 1772 年得到，發表在他的論文〈三體問題〉中。

如圖 9-3（a）所示，拉格朗日點中的 3 個點 L_1、L_2、L_3 位於兩個大天體的連線上，L_4 和 L_5 則分別位於連線的上方和下方，與大天體距離

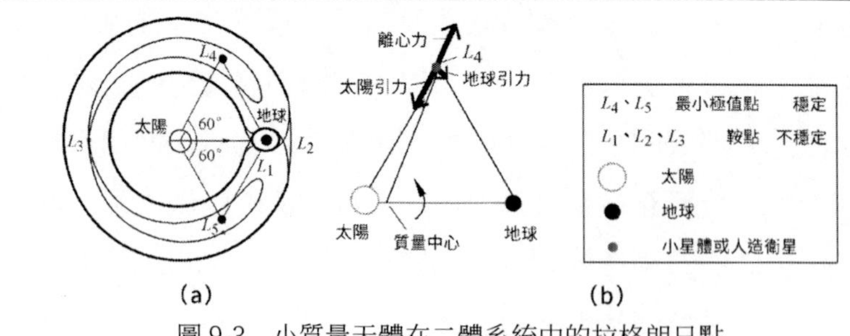

圖 9-3　小質量天體在二體系統中的拉格朗日點
（a）拉格朗日點；（b）拉格朗日穩定平衡點

相等，並組成一個正三角形的兩個對稱點上。可以從數學證明，在連線上的三個拉格朗日點不是真正「穩定」的點，它們對應於「鞍點」類型的極值點。只有 L_4 和 L_5 是對應於最小值的穩定點。也就是說，當小質量位於 L_4 和 L_5 時，即使受到一些外界引力的擾動，它仍然有保持在原來位置的傾向。圖 9-3（b）顯示了在 L_4 點對小天體的三個作用力（地球引力、太陽引力、離心力）是如何平衡的。有趣的是，我們都知道力學結構中的三角形與穩定性有關，當小質量位於 L_4 和 L_5 時，三個質點正好構成一個等邊三角形，這是否暗藏了某種穩定性原理呢？ L_4 和 L_5 有時也被稱為「三角拉格朗日點」或「特洛伊點」。

乍看之下，五個拉格朗日點的存在似乎沒有多大的實際意義，只像是個趣味的數學遊戲。但是，沒想到它們還真有一定的實際用途。自然界的實例也證明，穩定解在太陽系裡就存在。1906 年，天文學家首次發現木星的第 588 號小行星和太陽正好等距離，它與木星幾乎在同一軌道上超前 60°運動，三者一起構成等邊三角形。同年發現的第 617 號小行星，則在木星軌道上落後 60°左右，構成第二個正三角形。之後進一步證實，木星軌道上有小行星群（特洛伊群和希臘群）是分別位於木星和太陽的拉格朗日點 L_4 和 L_5 上。有時將這類小行星群統稱為特洛伊群。自 2007 年 9 月到現在為止，已經確認的特洛伊小行星有 2,239 顆，其中 1,192 顆在 L_4 點，1,047 顆在 L_5 點。

此外，在土星—太陽系統及火星—太陽系統的 L_4 和 L_5 點上，也都發現有小衛星存在。還曾經在地球—太陽系統的 L_4 和 L_5 點上發現存在塵埃群，2010 TK7 是首顆被發現的地球特洛伊小行星。對微觀世界的研究也發現拉格朗日穩定點的存在。

在發射人造衛星及其他人造天體時，科學家和工程師們也考慮和利用了這些拉格朗日點。我們可以以太陽和地球加小星體的系統為例，來考察一下這些特殊點。比如，L_1、L_2、L_3 都在日地連線上，L_1 在日地之間，小星體在這個位置時，它的軌道週期恰好等於地球的軌道週期。太陽探測器即可圍繞日地系統的 L_1 點運行；L_2 點偏向地球一側，通常用於放置天文臺，如此可以保持天文臺背向太陽和地球的方位，易於保護和校準；L_3 在日地連線上偏向太陽一側，像是與地球對稱，一些科幻小說中稱之為「反地球」。

所以，18 世紀時拉格朗日研究三體問題找到的特解還是有點用處的。但是如果回到三體問題、微分方程式的通解問題，數學家們至今仍是一籌莫展，只能用電腦模擬來求解和探討這類問題。

法國數學家龐加萊（1854 ～ 1912）對三體問題的研究，導致和催生了「混沌」這個嶄新的數學概念。在 1887 年，瑞典國王奧斯卡二世為了祝賀他自己的 60 歲壽誕，贊助了一項現金獎勵的競賽，徵求太陽系穩定性問題的解答，這實際上是三體問題的一個變種。儘管當時龐加萊沒有真正解決這個問題，但他對此問題超凡的分析方法，使他贏得了獎金。龐加萊提出的實際上就是後來被稱之為「蝴蝶效應」[6] 的概念。他的意思是說，如果初始值有一個小的擾動，後來的結果就可能會有極大的不同，以至於我們不能完全預測系統的最終狀態。

龐加萊發現即使在簡單的三體問題中，方程式解的狀況也會非常複雜，以至於對給定的初始條件，當時間趨於無窮時，這個軌道的最終命運，幾乎是沒有辦法預測的。事實上，這正是後來物理學上發現的著名「混沌概念」之萌芽。

利用大自然中天體間本來就存在的引力來助推，盡量節省太空船的燃料，這個想法太精彩了！太空中的運動確實不同於地面，沒有大氣層，不需要克服阻力。人造衛星也是這樣，利用地球的引力，發射上天後，便能不停地繞著地球旋轉。如今蓬勃發展的現代通訊工程，也離不開人造衛星。欲知詳情，且聽下回分解。

第 10 節
氣象通訊科學研究忙　人造衛星立大功

任何國家想要獨立發展自己的航太事業，都需要從發射第一顆人造地球衛星（或簡稱衛星）開始。克服第一宇宙速度，是走向太空的第一步。

蘇聯和美國先後發射的人造衛星讓全世界為之振奮，各大國也都躍躍欲試。法國在 1960 年代首先打破了蘇、美的太空壟斷，將自己的第一顆衛星推上了太空。

「二戰」後，從德國 V-2 飛彈受益的不僅僅是美國和蘇聯，法國和英國也在其中。當美國人將馮．布勞恩帶到美國去進行火箭研究的同時，法國也聚集了 40 位德國火箭專家和工程師，英國則用得到的火箭進行組裝，實施了多次試飛。

英國在「二戰」中受 V-2 飛彈之害最深，英國科學家對此而研究的「逆火行動」（back-fire）也頗為成功，他們讓 V-2 火箭在墜入北海之前，從荷蘭發射至太空邊緣。這個實驗的成功使英國星際學會（BIS）的學者、工程師們興奮不已，深感 V-2 飛彈的技術超前，已經完全可能將其轉變為進入太空的「載人火箭」。1946 年，學會成員史密斯為此提交了一份詳盡可行的方案，但卻未得到政府的批准，英國也因此錯失良機，讓美國在載人太空探險上獨占鰲頭。英國最終放棄了 V-2 飛彈，在這個後繼研究領域中，無所作為。

法國不一樣，法國早期就有一位與美國戈達德同時代的太空探險先驅埃斯諾．佩爾特里（Esnault Pelterie，1881 ～ 1957）。他既研究航空，又研究太空探險，做出不少奠基性的貢獻，是法國航空、航太這兩個領域的先驅人物。

1958 年，雄心勃勃的戴高樂執政後，不甘心只有蘇、美進行太空競賽，而法國卻似乎被「拒之於外」的世界局面。他大力推動火箭及太空探險的研究，其成果便是 1965 年讓法國成為第 3 個發射衛星的國家。

此外，也有幾個在太空探險技術上後來居上的東方國家，包括日本、中國和印度。

中國是古代火箭的發源地，當然也應該發展現代火箭技術，加入到國際太空探險俱樂部中。這是當年中國物理學家及相關工程人員的美好願望，也是促成像錢學森、趙九章這些受西方教育的科學家們，紛紛回到中國的動力。

1957 年和 1958 年，蘇聯和美國分別發射了第一顆衛星。那個年代的中國百姓對「放衛星」這個詞彙一點都不陌生，但卻包含著另一層意思，因為中國正在開展「大躍進」，各行各業每天都在「放衛星」！不過，火箭太空探險方面的中國專家們倒真是沒有閒著，他們開始了發射真正「人造衛星」的計畫。

1970 年 4 月 24 日，中國成功地發射了第一顆人造地球衛星 ——「東方紅 1 號」，不過日本搶先了一步，提早 3 個月左右。但日本的第一顆衛星只有 23.8kg，中國的衛星是 173kg，比 4 個更早發射的「第一顆」加起來的總質量還要多。美國當年的第一顆衛星只有 8.2kg，被嘲諷為「美國將一顆柚子送入了太空」。如今，美國、日本等國的第一顆衛星早已墜落在大氣層中，中國的「東方紅 1 號」卻還在天上轉動。但甚為遺憾的是，衛星計畫的主要倡導者、組織者和奠基人之一的趙九章，卻沒有等到這一天，他在 1968 年，便因不甘忍受迫害而自殺身亡了。其他的很多參與者，都是在「牛棚」裡聽到太空傳回地球，再經中央電視臺轉播「東方紅」的。

可不要小看人造衛星，它不僅是人類進入太空的標誌，且算是如今太空探險工程中最有實用價值的太空船。可以說，飛往月球和其他星球的探測器，其目的是服務人類的未來，但衛星則是服務當今文明世界。它們已經成為許多現代技術必不可少的部分。衛星在軍事和經濟上具有重要價值，因此發展最快，數量也很多。其外貌千姿百態，用途五花八門，據 2013 年的資料，全球共發射了 6,600 顆人造地球衛星。

與我們日常生活關係最為密切的衛星是通訊衛星、氣象衛星、導航定位衛星和科學衛星等。人人都明白登高才能望遠，衛星實質上就是一些高懸在太空的自動化工作臺或科學研究站。幾顆衛星聯合起來，便具有了對地球進行全方位觀測和交流的能力，這是其他地面方法無法比擬的。如圖 10-1（a）所示，在一定的高度上，使用三顆通訊衛星，通訊範圍便可以覆蓋全球。

氣象衛星根據軌道的形態分為兩大類：太陽同步衛星和地球同步衛星。

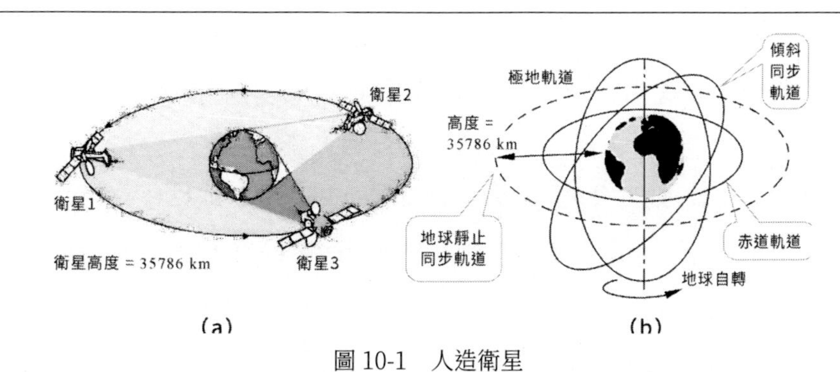

圖 10-1　人造衛星

（a）3 顆通訊衛星覆蓋全球；（b）衛星按軌道形態的分類

首先，衛星的軌道有高度上的差異，由此可將衛星分為低軌（2,000km 以下）、中軌（介於 2,000 ～ 35,786km 之間）和高軌（等於或高於 35,786km）。低軌衛星不能太低，起碼要幾百公里，大大高於大氣層，否則衛星運動容易受大氣的影響而掉下來。中國的「東方紅 1 號」至今沒有墜毀的原因，便是軌道較高。當然，衛星軌道也不是越高越好，在高處看到的範圍大，但距離目標太遠就會看不清楚。低軌衛星靠近地球，可以對地球表面看得更仔細，所以資源衛星與軍事間諜衛星大多是採取低軌道飛行。有些氣象衛星為了拍攝到更詳細的資料，也採用低軌。

衛星軌道的另一個參數是軌道平面與赤道面的傾角。軌道面與赤道面一致的叫赤道軌道，如果衛星不是繞著赤道轉，而是繞著南北極轉，則稱為繞極軌道衛星。圖 10-1(b) 顯示了衛星經常採用的幾種軌道形態。

從圖 10-1（b）中可見，赤道軌道衛星可以有不同的高度，其中有一種特別的衛星，稱之為「地球靜止軌道同步衛星」。同步的意思是說，衛星運動與地球自轉同步，即衛星繞地的週期與地球自轉的週期一樣。這種「同步」的結果，就使得衛星在天上的位置看起來是固定不動、靜止的。這種地球靜止同步衛星，有時也被簡稱為「同步衛星」，但實際上嚴格來說，「同步」並不一定是「靜止」的，比如像圖 10-1（b）中所畫的另一條「傾斜同步軌道」就不是靜止軌道，一般所指的同步軌道，是說不傾斜的赤道面上的靜止同步軌道。

所有靜止同步軌道衛星距離赤道的高度 h 都相同，等於 35,786km，這個數值可以簡單地從牛頓力學計算得到。為了計算這個高度，我們再重溫一下「月亮不會掉到地球上」的簡單道理。月球不會掉下來，也不會飛離地球，是因為它的速度在那個位置產生的離心力，正好平衡了地球引力。人造衛星的道理也是一樣，靜止衛星的速度，要使其同步於地球自轉，只有將它們放在某一個高度 h，離心力才能剛好平衡引力。

設衛星質量為 m，地球質量為 M，半徑為 R，自轉週期為 T，萬有

引力常數為 G，利用下列「牛頓引力等於離心力」的方程式：

$$G\frac{Mm}{(R+h)^2}=m\frac{4\pi^2}{T^2}(R+h)$$

代入已知數據，則可得高度 h 等於 35,786km。

放在這個高度的衛星，繞行地球轉一圈的時間（公式中的 T）正好是 24 小時，該時間內地球也剛好轉一圈。所以，從地面上看起來，衛星似乎是掛在天空某個定點固定不動，故稱靜止衛星，見圖 10-2（a）。這種衛星的優越性顯而易見，那是真正可以等效於一個延伸到太空的「地面」氣象觀測站或通訊站。

前面介紹過，通訊網路中使用三個靜止衛星便能覆蓋全球。氣象衛星一般有兩種：繞極衛星和靜止衛星，前者可以飛經地球的每個地區，全天遙測整個地球周圍氣流、溫度等的空間分布，拍攝全球的雲圖；後者則可觀測和監督地球上某固定範圍內隨時間的風雲變幻。兩種衛星相得益彰，聯合起來為人類提供盡量準確的氣象服務。

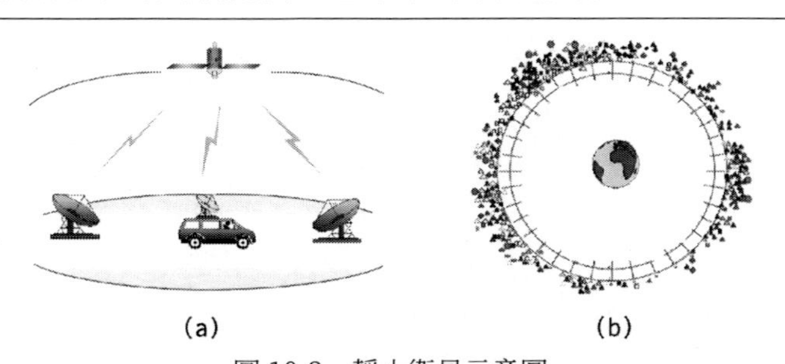

圖 10-2　靜止衛星示意圖

（a）衛星在天上的位置「固定」；（b）擁擠的克拉克帶

地球靜止軌道的概念由英國著名科幻作家兼科學家亞瑟．克拉克（Sir Arthur Charles Clarke）於 1945 年提出，為了紀念他，海平面以上大約 36,000km 的地方，有一片區域可以作為類靜止軌道來使用，被稱為「克拉克帶」。

靜止衛星有這麼多優點，每個國家都需要，但它們又都要運行在一個高度，即克拉克帶上。那麼就由此產生了兩個問題：一是大家的軌道都相同，轉來轉去是否會互相碰撞呢？再者，是那個高度上的赤道軌道只有那麼一圈，稱之為「黃金圈」，圈內位置有限，發射的衛星越來越多，克拉克帶越來越擁擠，見圖 10-2（b），是否會「星滿為患」呢？第一點不成問題，因為雖然所有的靜止衛星都共用一條「跑道」，但大家的速度都一樣，前前後後，排著隊跑，沒有「爭先恐後」，誰也不超過誰。所以，只要發射時不相撞，後來基本上也不會相撞。第二點倒是需要考慮，國際上也為此制定了一些規則，正在完善之中。

迄今，人類的眼光看得很遠，但腳步還只在太陽系中徘徊，頂多就是走到了邊緣而已。到底在太陽系中探索了什麼？下一章中，將帶領你到茫茫星海中遊覽⋯⋯。

第三章
星海拾貝

「天地玄黃，宇宙洪荒，
日月盈昃，辰宿列張。」
——《千字文》

第11節
恆星也有生老死　太陽尚在中青年

宇宙是如此浩渺，但人造物體能夠到達的，主要還是限於太陽系這個大家庭內部，這些人造物體豐富和加深了我們對太陽及其八大行星的了解。

古人望著滿天繁星說：「天上一顆星，地上一個人。」他們將星星視為地球上人的化身，用心目中的英雄人物為最亮的星座命名。如今的孩子們，早就知道星星並不是人，他們要問的問題可能是：「星星是不是也有生老病死呢？」

的確，星星和人一樣，也有生老病死。不過，星星的壽命比人類個體的壽命長得多，經常需要以「億年」為單位來計算！

從天文觀測的角度來看，恆星會主動發光，而行星只是被動地反射或折射恆星發出的光線而已。恆星的質量較大，它們「心中燃著一把火」，它們的生命過程轟轟烈烈、多姿多采。科學家們將各類恆星的誕生、演化，直至死亡的整個過程，稱之為「恆星的演化週期」。根據恆星質量的不同，它們的演化週期（壽命）也大不相同。一般而言，恆星質量越小，則壽命越長，從幾百萬年到數兆年不等。

那麼，先讓我們考察一下我們這個大家庭的主人，離我們最近的恆星 —— 太陽。太陽誕生於何時？經歷了什麼樣的生命週期？它還能照耀多久呢？太陽的「生死」決定了大家庭成員們的生死，也與我們地球上人類的生存息息相關，千萬不可小覷。

目前的太陽幾乎是一個理想球體，從中間向外依次為核心區、輻射區和對流區（圖 11-1（b）左上太陽內部示意圖）。恆星發光的原因是它們內部有熱核反應，太陽也是如此。大眾熟知的核反應例子，是世界上一些大國掌握的核武器：原子彈和氫彈。前者的物理過程叫「核分裂（核裂變）」，後者則叫「核融合（核聚變）」。分裂指的是一個大質量的原子核（例如鈾）分裂成兩個較小的原子核；融合則是由較輕的原子核（例如氫）合成為一個較重的原子核，比如氫彈便是使氫在一定條件下，合成中子和氦。無論是分裂還是融合，反應前後的原子核總質量都發生了變化。愛因斯坦的狹義相對論認為，質量和能量是物質同一屬性的不同表現，它們可以互相轉換。在兩類核反應中，都有一部分靜止質量在反應後轉化成了巨大的能量，並且被釋放出來，這就是核武器具有巨大殺傷能力的原因。太陽內部所發生的，是與氫彈原理相同的核融合。

核融合要求的條件非常苛刻，需要超高溫和超高壓。人為製造這種條件不是那麼容易，雖然人類已經有了氫彈，但那是一種破壞性的、對付敵人的武器，要想辦法控制這種能量而加以和平利用，仍然困難重重。可是，在太陽的核心區域中，卻天然地提供了這一切難得的條件。那裡的物質密度很高，大約是水密度的 150 倍，溫度接近 1.5×10^{7}°C。因此，在太陽核心處進行著大量的核融合反應。

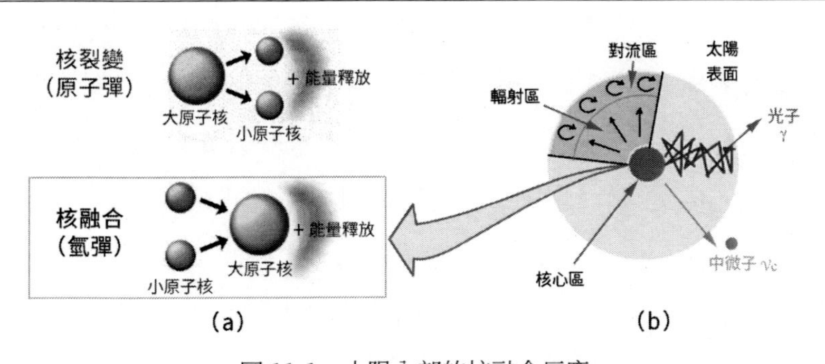

圖 11-1　太陽內部的核融合反應
（a）核反應；（b）太陽中心的熱核融合

太陽內部的熱核反應會產生大量能量極高的伽瑪射線，這是一種頻率比可見光更高的光子，同時也產生另外一種叫中微子（微中子）的基本粒子。因而，在我們的宇宙中，不僅飛舞著各種頻率的光子（電磁波），也飛舞著大量的中微子！中微子字面上的意思是「中性不帶電的微小粒子」，是 1930 年代才發現的一種基本粒子。中微子有許多有趣的特性，有待人們去了解和研究。比如說，科學家們原本以為中微子和光子一樣沒有靜止質量，但現在已經認定它有一個很小很小的靜止質量。

如圖 11-1（b）所示，光子從太陽核心區出來後的軌跡彎彎曲曲，平均來說，要經過上萬年到 10 幾萬年的時間，才能從太陽核心區到達太陽表面，且從伽瑪射線變成「可見光」，繼而再飛向宇宙太空。中微子的行程則是直的，2 秒鐘左右便旅行到了太陽表面，且逃逸到太空中去。

無論如何，太陽系大家庭的有用能量之來源是太陽核心區的核反應。融合反應的每一秒鐘，都有超過 4×10^6t 的物質（靜止質量）轉化成能量。如此一來，科學家們不由得擔心起來：太陽以如此巨大的速度「燃燒」，還能燒多久呢？簡單的計算可以給我們一個近似的答案。太陽的質量大約是 2×10^{27}t，每秒鐘燒掉 4×10^6t，每年大約會燒掉 10^{14}t。因此，如果太陽按照這個速度進行核反應，大約還能燃燒 10^{13} 年，即 100 億年。這個結論只是粗略的估算，太陽具體的演化過程，可參考圖 11-2。

恆星的生命週期和演變過程取決於它最初的質量。大多數恆星的壽命在 10 億歲到 100 億歲之間。粗略一想，你可能會認為質量越大的恆星，就可以燃燒更久，因而壽命更長。但事實卻相反：質量越大，壽命反而越短；質量小的細水長流，命反而長。比如說，一個質量等於太陽 60 倍的恆星，壽命只有 300 萬年；而質量是太陽一半的恆星，預期的壽命可達幾百億年，比現在宇宙的壽命還長。

圖 11-2 顯示了恆星誕生後的演化過程。太陽是在大約 45.7 億年前

誕生的，目前「正值中年」。太陽在 45 億年之前，是一團因引力而塌縮的氫分子雲。科學家們使用「放射性測年法」得到太陽中最古老的物質是 45.67 億歲，這一點與估算的太陽年齡相符合。

恆星自身的引力在演化中發揮重要的作用。世界萬物之間存在的引力使兩個質量互相吸引。一個系統中，如果沒有其他足夠大的斥力來平衡這種吸引力的話，所有的物質便會因為引力吸引而越來越靠近，越來越緊密地聚集在一起。而且，這種過程進行得快速而猛烈，該現象被稱為「引力塌縮」。在通常所見的物體中，物質結構是穩定的，並不發生引力塌縮，那是因為原子中的電磁力在發揮平衡的作用。

在恆星形成和演化的過程中，存在引力塌縮。所有恆星都是從分子雲的氣體塵埃塌縮中誕生的，隨之凝聚成一團被稱為原恆星的高熱旋轉氣體。這一過程也經常被稱作引力凝聚，凝聚成為原恆星之後的發展過程，則取決於原恆星的初始質量。太陽是科學家們最熟悉的恆星，所以在討論恆星的質量時，一般習慣將太陽的質量看成是 1，也就是用太陽的質量作為質量單位。

質量大於 1/10 太陽質量的恆星，自身引力引起的塌縮將使星體核心的溫度最終超過 1,000 萬°C，由此啟動質子鏈的融合反應，氫融合成氘，再合成氦，大量能量從核心向外輻射。當星體內部輻射壓力逐漸增加，並與物質間的引力達成平衡後，恆星便不再繼續塌縮，進入穩定的「主序星」狀態。我們的太陽現在便是處於這個階段，如圖 11-2 所示。

質量太小（小於 0.08 倍太陽質量）的原恆星，核心溫度不夠高，啟動不了氫核融合，就最終成不了恆星。如果還能進行氘核融合的話，便可形成棕矮星（或稱褐矮星，看起來的顏色在紅棕之間）。如果連棕矮星的資格也不到，便無法自立門戶，最終只能繞著別人轉，變成一顆行星。

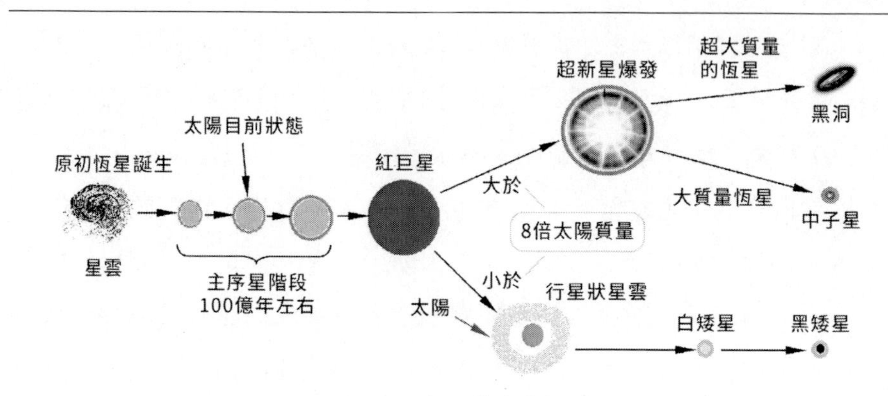

圖 11-2　恆星的生命週期

太陽的主序星階段很長，有 100 億年左右。到目前為止，太陽的生命剛走了一半。並不是所有恆星的生命演化過程都和太陽一樣，恆星最後的歸宿是什麼？主要取決於恆星的質量。從主序星到紅巨星階段，大家的過程差不多，後來則因為質量不同而走了不同的路，見圖 11-2。分叉點是在「8 倍太陽質量」處，對應於「錢卓塞卡極限」(Chandrasekhar Limit)。這個界限值是由印度物理學家錢卓塞卡在 20 幾歲時發現的，他為此而在 70 多歲時榮獲諾貝爾物理學獎。

圖 11-2 中向下的分岔是質量小於 8 倍太陽質量的恆星演化過程，也就是太陽將來要走的路。太陽在主序星階段中，溫度將會慢慢升高。當它 100 億歲左右時，核心中的氫燒完了，但是內部的溫度仍然很高，就開始燒外層的氦。於是，太陽會突然膨脹起來，體積增大很多倍，形成紅巨星。經過了紅巨星之後，可以進行聚合反應的元素燃燒完了，星體慢慢冷卻下來，逐漸塌縮，體積從紅巨星大大縮小，星體中的物質以離子和電子雲的狀態存在。電子是費米子，遵循包立不相容原理（Pauli exclusion principle），任何兩個電子都不能處於完全同樣的狀態。然而，逐漸縮小的星體體積卻力圖迫使它們處於相同的（簡併的）狀態，如此便在星體中產生一種「電子簡併壓力」與引力塌縮作用相抗衡。也

就是說，引力塌縮的作用要使星體體積越變越小；而電子簡併壓力則使星體體積增大，才能有更多的空間容納更多的電子狀態。兩者在某個點取得平衡，形成白矮星。這裡我們用「矮」字來表示那種體積小但質量大的星體。天文學中有5種小矮子：黃矮星、紅矮星、白矮星、褐矮星、黑矮星。白矮星白而不亮，還會慢慢散發出黯淡之光，延續若干億年，最後什麼光都沒有了，變成黑矮星。這便是這類小於8倍太陽質量的恆星（包括太陽）的歸宿。

大於8倍太陽質量的恆星，後來的結局有所不同。它們內部的引力太大了，壓抑太厲害，爆發起來也厲害。爆發成一個紅巨星還不能讓它們過癮，緊接著又爆發成一顆亮度很大的超新星。超新星之後才慢慢冷卻，內部的巨大引力使其中的物質逐漸塌縮。這次塌縮的結果又會是什麼呢？即使經過了與白矮星類似的電子簡併壓力階段，但因為質量太大，電子簡併壓力抗衡不了引力以達到新的平衡。那麼最後，物質將塌縮到哪裡去呢？這些問題困惑著1920～1930年代的物理學家們。當時從實驗中已經發現了電子和原子核，但中子尚未被發現。後來，實驗物理學家發現並證實了「中子」的存在，證明物質是由電子、質子和中子組成的。這個消息立即傳到哥本哈根，量子力學創始人波耳（1885～1962）召集討論，正好在那裡訪問的著名蘇聯物理學家朗道（1908～1968）立刻將這個發現與恆星塌縮問題連結起來。朗道敏銳地意識到，大於8倍太陽質量的恆星，將塌縮成為「中子星」。也就是說，巨大的引力作用，將使得電子被壓進氦原子核中，質子和電子將會因引力的作用結合在一起，成為中子。中子和電子一樣，也是遵循包立不相容原理的費米子。因此，這些中子在一起產生的「中子簡併壓力」，可以抗衡引力，使得恆星成為密度比白矮星大得多的穩定中子星。

中子星的密度大到我們難以想像：$10^8 \sim 10^9 t/cm^3$。

不過，恆星塌縮的故事還沒結束！後來在「二戰」中成為與原子彈有關的「曼哈頓計畫」領導者的歐本海默（Julius Robert Oppenheimer），當時也是一個雄心勃勃的年輕科學家。他想：白矮星質量有一個錢卓塞卡極限，中子星的質量也應該有極限啊！一計算，果然算出了一個歐本海默極限。

超過這個極限的恆星應該繼續塌縮，結果是什麼呢？如同圖 11-2 右上方所顯示的，這種超大質量恆星，最後將塌縮成一個「黑洞」。有關黑洞，我們將在後面介紹。

雖然科學家們在 1930 年代就預言了中子星，甚至黑洞，但是真正觀測到類似中子星的天體，卻是在 30 多年之後。

中子星和白矮星都是已經被觀測證實在宇宙中存在的「老年」恆星。天文學家們也觀測到很多黑洞，或者說觀測到的是黑洞的「候選體」。將它們說成是「候選」，是因為它們與理論預言的黑洞還是有所差別。例如，離地球最近的孤立中子星位於小熊星座，被天文學家取名為「卡爾弗拉」（Calvera）。這種中子星沒有超新星爆發產生的殘餘物，沒有繞其旋轉的星體，因為發出 X 射線而被發現。

太陽的最後「歸宿」是白矮星。但是，我們之中的任何人都等不到那一天，好幾 10 億年，實在太久了！不過，銀河系中如此多的恆星展示給我們這兩種星星的樣板。在離太陽系大約 350ly 遠的地方，有一對有趣的聯星系統，正好由一顆紅巨星和一顆白矮星組成，它們的英文名字叫「Mira-A」和「Mira-B」。Mira 的中文名是芻藁增二，來自中國古代的星官名。

前面的章節說到人類社會中的各個大國正在進行太空爭奪戰。十分有趣的是，宇宙中的各個天體之間，也在進行著無言的、永恆的爭鬥。天體之間最基本的力是引力，但很多天體周圍都有電磁場，因此星體間的電磁有時也發揮主導作用。在這兩種長程力的作用下，天體之間互相影響，互相制衡，形成宇宙中一幅十分有趣的物理圖景。

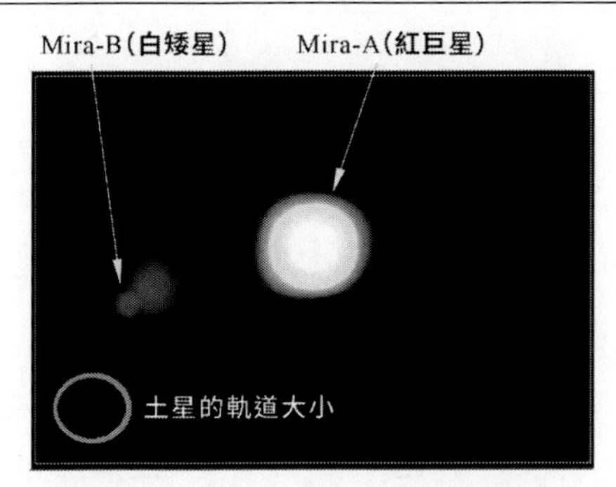

圖 11-3　Mira-A 和 Mira-B（圖片來源： NASA）

地球和太陽間的電磁場也有「搏鬥」，欲知它們如何搏鬥，且聽下回分解。

第 12 節
大傘撐起地磁場　變幻莫測太陽風

太陽的活動情形與人類在地球上的生存環境息息相關，因此，太陽自然地成為人類太空探險計畫中最重要的探索目標。1990 年代，以「尤利西斯號」（Ulysses）、太陽和太陽圈探測器（Solar and Heliospheric Observatory，SOHO）等為代表的一系列太空飛船任務，還有歐洲太空總署與中國科學院合作的「SMILE」計畫，目標都直指太陽以及地球附近太空的輻射帶。

俗話說得好：「萬物生長靠太陽。」太陽發光又發熱，供給地球上生命所需的一切熱量和能量。然而，太陽除了向四周輻射光和熱之外，還有一個不廣為人知、向宇宙太空「發威」的方式，叫「太陽風」。

1. 從彗星尾巴的方向說起

人類對太陽風的最初認識，開始於對彗星尾巴形狀和方向的觀察。古人並不知道有什麼「太陽風」，他們只是根據觀測資料，將彗尾的方向與太陽所在的位置連結起來。《晉書・天文志》中指出：「彗體無光，傅日而為光，故夕見則東指，晨見則西指。在日南北，皆隨日光而指。」

古代的觀測方式有限，用肉眼就能看到的大彗星畢竟是少數。彗星週期很長，從幾 10 年到 100 萬年都有。比如，人類了解最多的哈雷彗星，屬於「短週期彗星」，週期也有 76 年。因此，古人們將這些多年難得來訪一次的「稀客」視為不祥之兆，稱為掃帚星。實際上，現代天文觀測資料告訴我們，太陽系中彗星的數目可以說是多到「不計其數」，到

2016 年 8 月為止，有記載的彗星便已經有 3,940 個[7]。

美麗的彗星總是拖著長長的尾巴。彗星的直徑僅幾 10 公里，但彗尾卻可以長達幾 1,000 公里。一般而言，彗尾不止一條。比如 2006 年發現的麥克諾特彗星，多條彗尾如孔雀開屏一樣呈扇形張開在天空中，異常得壯觀和美麗。擁有兩條彗尾的彗星十分普遍，其基本成因也有科學的解釋：一條叫塵埃尾，另一條叫做離子尾，見圖 12-1（金黃色的是塵埃尾，藍色的是離子尾）。塵埃尾是由跟隨彗核一同運動的塵埃物質（氣體、沙粒、小石塊）反射太陽光而形成，因此它通常呈現黃色或紅色，塵埃尾的方向除了與太陽位置有關以外，還與彗星自身的運動速度和方向有關，也正是因為彗核的軌道運動對周圍塵埃物質的「拖曳」作用，塵埃尾有時看起來是彎曲的弧形。離子尾的形成與「太陽風」有關，它永遠都指向背對太陽的方向。乍聽有點不可思議，地球上會颳風，是因為地球上有大氣，太陽怎麼也會「颳風」呢？難道太陽上也有「大氣」？確實如此，只不過與地球大氣的成分不完全一樣而已。太陽風來自太陽大氣的最外層，即日冕，其主要成分是等離子體（電漿）。所以，太陽颳出來的是「等離子風」。

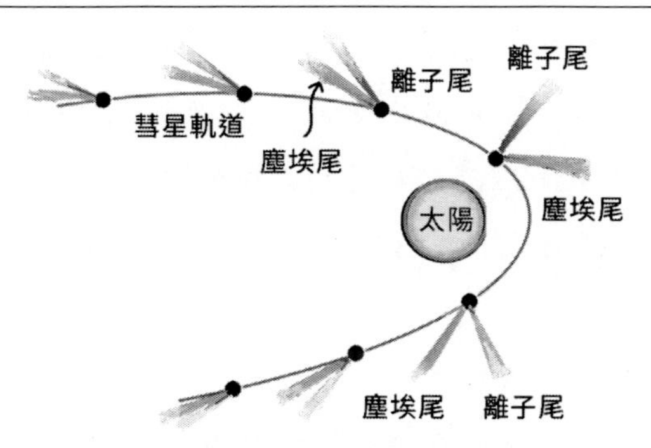

圖 12-1　彗星中的離子尾總是背對太陽方向

太陽風中包含大量的帶電粒子，這些粒子運動時會形成磁場，到達彗星附近時與彗核周圍的磁場交互作用而發光。因此，離子尾跟隨的是太陽風的磁力線，而不是彗星軌道的路徑，所以總是指向背對太陽的方向。此外，太陽風的速度非常快，遠遠大於彗星的運動速度，因此離子尾看起來不像塵埃尾那樣呈現出彎曲美妙的弧形，而總是筆直、硬邦邦地向外延伸出去。離子氣體中含有光譜為藍色的 Co^{+}離子，因而使得大多數離子尾呈藍色。

起初，科學家們用來自太陽輻射的「光壓說」來解釋彗星的離子尾，但計算表明，光輻射產生不了這麼大的壓力。1958 年，尤金・帕克（Eugene Newman Parker）認為日冕外層的太陽大氣會逃逸到太空中去，因此預言，應該有一股強勁的等離子體風從太陽不間斷地吹出來，充斥了行星間的太空。但當時的大多數科學家反對帕克的太陽風假說，他的觀點遭到嘲笑，論文也被拒稿。直到 1960 年代人造衛星上天後，強而有力的觀測事實才證實了太陽風的存在。

2. 太陽風的來龍去脈

太陽的輻射能來源於核心的核融合，核心溫度高達 1.5×10^{7}K，然而太陽表面處，溫度下降到 5,800K 左右。太陽表面的上方，便是大概可分為 3 層的太陽大氣：緊靠著太陽表面的薄薄光球層（500km 左右），然後是 1,500km 左右的色球層，最外層的日冕可以延伸到幾個太陽直徑，甚至更遠。但日冕區的亮度卻僅為光球層的 1/1000000，只有在日全食時才便於觀測。

按照常理來分析，似乎距離太陽核心越遠的太陽大氣層，溫度應該越低，但事實卻不是如此。從 5,800K 的光球層開始，色球層的溫度起初略有下降，但後來急遽升高到 27,000K 左右，到了日冕區域，溫度甚至達到幾百萬 K 的高溫，見圖 12-2（a）。

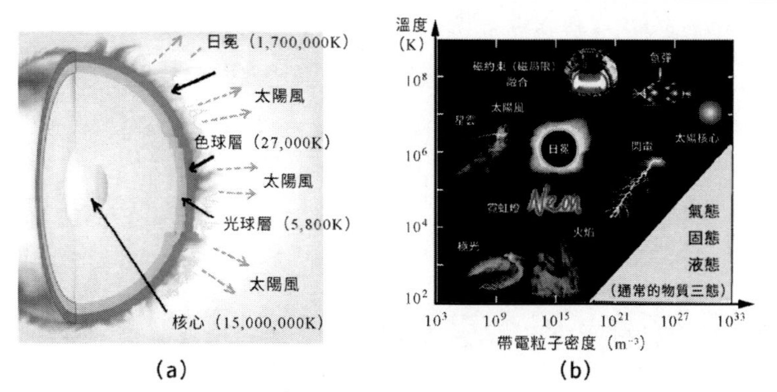

圖 12-2　太陽大氣

（a）太陽大氣層的溫度；（b）物質的第 4 態：等離子體

與地球的大氣相比，太陽大氣的物質密度要稀薄得多，最密的光球層，密度也大約只有地球（海平面）大氣密度的 0.1%，色球和日冕的密度就更小了。我們在地球上看到的太陽，是一團閃亮的金黃色火球，那基本上是來自於光球層的可見光輻射。產生於高溫日冕層的太陽風主要輻射的是帶電粒子流，也稱為等離子體流。

日冕的高溫是如何形成的？這仍然是困惑物理學家的一個未解之謎。但溫度極高的事實卻是被光譜分析以及各種間接觀測方法所證實。太陽的主要成分是氫和氦，在幾百萬 K 的高溫下，氫原子和氦原子中的電子都紛紛從原子核的束縛中「解放」出來，成為自由電子，與帶正電的離子混合在一起作高速運動，這種混合物被稱之為「等離子體」。等離子體是物質的第四態，因為它不同於原來意義上的物質三態（固體、液體、氣體）。圖 12-2（b）顯示了各種等離子體得以存在的密度及溫度範圍。

等離子體的形態類似氣體，但是由離子及電子組成，它們廣泛存在於宇宙裡，是宇宙中豐度最高的物質形態。其實，在日常生活中經常見到它們，比如火焰、霓虹燈、氫彈等。當今世界各國試圖攻克的受控熱核融合反應，其研究對象便是等離子體。

日冕跟火焰的密度相近，但是溫度卻高出 3 ～ 4 個數量級。所以，太陽就像是一團懸浮在宇宙中的熊熊燃燒的超大火焰。地面上的空氣流動能形成風，在日冕的高溫等離子體中，不停地有某些擺脫太陽引力的高速粒子向外流出，形成「太陽風」。

3. 地球磁場隨「風」起舞

與太陽的光輻射相比，太陽風的能量是很小的，大約只有光輻射能量的 1/1000000000。然而，太陽大火吹出來的「等離子風」對地球的作用卻非同小可。

等離子體是由質子、 α 粒子、少數重離子和電子流組成，太陽風將這些帶電粒子以 300 ～ 800km/s 的速度「颳」到地球，這些速度大大超過空氣中聲速的粒子產生的磁場效應影響地球，使得地球磁場隨風而舞。

幸好有地球磁場，它為我們抵擋住太陽風的襲擊，否則地球人可就慘了。在圖 12-3（a）的示意圖中，從左上方日冕處颳向地球的太陽風，改變了地球磁場的形狀，看起來似乎是將地球附近的磁力線「颳」向了

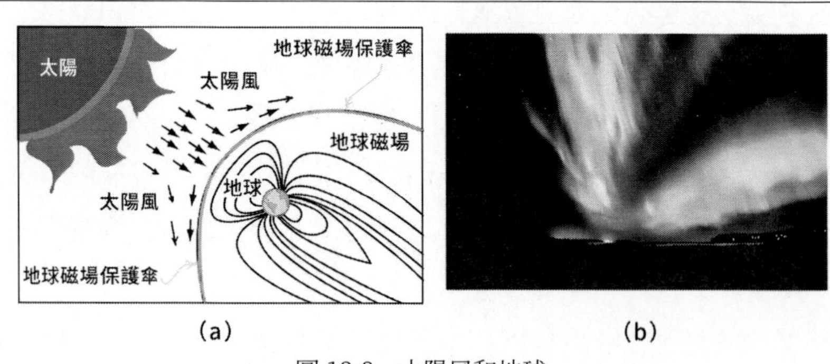

圖 12-3　太陽風和地球
（a）地球磁場抵擋太陽風；（b）美麗的極光

後方，而新形成的地球外圍磁層就像一把遮陽大傘，抵擋了太陽風，為地球撐起一把保護傘。雖然不可見的兩股電磁力在地球上方無聲地激烈戰鬥著，但這把地磁大傘保護著地面上包括人類在內的生命體，不受高速帶電粒子的危害，也保護著太空基礎設施，如衛星等的正常工作。

光球層的光輻射只需要 8 分鐘就能抵達地球，太陽風中的帶電粒子卻需要飛行 40 小時左右。這些粒子到達地球後，被磁場「大傘」阻擋在外，只好繞道而行。然而，「風」有風的特性，有時輕柔縹緲，有時風雲突變。太陽風也是如此，太陽磁場的活動性大約以 11 年的週期變化，此外還有突發事件，比如當太陽突然劇烈活動時，太陽風也就來得迅速而猛烈。大傘百密一疏，總會有漏洞，免不了闖進一些「不法分子」，這些隨風飄來的高能離子，沿著地球附近的磁力線侵入地球極區，與極區上空的大氣層作用而放電，產生壯觀絢麗的極光，見圖 12-3（b）。

圖 12-3（b）可見，極光五彩繽紛，呈現各種顏色，那是因為帶電粒子進入不同高度的大氣層時，碰到不同的原子（主要是氧和氮）所致。變化的太陽風，碰到了變化的地球風，兩風相鬥，互相作用，使得產生的極光「隨風舞動」，美麗玄妙，變幻無窮。

北極光和南極光固然使人類著迷，吸引人們不遠萬里到極地觀賞這一大奇觀。但是，在這種太陽活動的非常時期，科學家、工程師和某些行業的特別技術人員們，往往正在為太陽風帶給地球的一些其他影響而忙碌：也許是某種局部的破壞性災難；也許是使得氣溫增高、氣候反常；也許是衛星失去控制；也許是使供電系統癱瘓、網路失效、通訊中斷，甚至還可能對人體引起一些說不清的效應，諸如身體疾病增加、心理情緒波動等。

科學家們也能借此難得的機會研究太陽和太陽風。實際上，無論正常期還是非常期，科學家們一直都在研究太陽風。特別是進入太空探險時代以來，NASA 及其他國家發射了多個監測太陽的太空船：如 1980 年的「太陽極大期任務衛星」，1990 年的「尤利西斯號」，1995 年的「太陽和太陽圈探測器」，2006 年的「日地關係天文臺」等。

1989 年 3 月 13 日 2 時 44 分，加拿大魁北克水力發電廠的控制系統突然崩潰 [8]，來路不明的異常高壓導致供電系統短路，致使大面積電網癱瘓長達 9 小時；同時，自由歐洲電臺的訊號受到干擾。「冷戰」時期的西方政府分外敏感，一開始有人擔心這可能是來自蘇聯的第一波核武器攻擊。但之後立刻發現一些相關現象：繞極軌道的衛星失去控制、氣象衛星的通訊中斷、日本也發生衛星失控現象。更重要的是，幾乎同時，在極區產生了強烈的極光，連遠在美國南方的德州都能看見。證據表明，這些異常現象是來自於大約 3 天前，太陽上發生的一次「太陽活動爆發」，太陽風把這次「爆發」的效應傳遞到了地球上。

之後還多次觀察到太陽活動爆發引起的地球災難：1989 年 8 月，另一個「爆發」影響到多倫多股票市場的晶片，導致交易停頓；1991 年 4 月 29 日，強「爆發」破壞美國緬因州一處核電站；1994 年 1 月 20～21 日，「爆發」使加拿大兩個通訊衛星發生故障；1998 年 5 月 19 日，美國和德國都有通訊衛星發生故障⋯⋯。

太陽和太陽風對人類如此重要，天體物理學家們當然要利用先進的現代太空探險技術，來獲取太陽活動數據，從而驗證他們的理論，減少太陽風的危害。「尤利西斯號」便是人類派出的一個太陽探測器，欲知「尤利西斯」如何探測太陽，且聽下回分解。

第 13 節
「尤利西斯」英雄漢　太陽極區勤為探

尤利西斯是羅馬神話中智勇雙全的英雄，我們這裡要介紹的是，代替人類飛向太空，去探測太陽極區的機器英雄「尤利西斯號」探測器。「尤利西斯號」和它得以命名的神話英雄一樣「勇敢機智」，在照預定路線遨遊太空的征途上頑強拚鬥、大獲全勝。從 1990 年發射，到 2008 年，整整 18 年的服役期中，不但順利完成了設計者最初期望的 5 年任務，還多活了 13 年，提供給科學家們許多有用的資料，帶給人們額外的驚喜。

據說「尤利西斯號」曾一度差點被「凍死」，因為它顯示出供電嚴重不足，有可能出現能引起燃料凍結的低溫。但令人驚奇的是，它竟在遭此劫難之後又頑強地支撐了一年，並傳回不少有價值的科學數據，最後，「尤利西斯號」的通訊能力逐漸減弱，於 2008 年 6 月 30 日被正式關閉，結束了「英雄」的使命。

1. 神祕的極區

NASA 和歐洲太空總署發射「尤利西斯號」的目的，是要探索太陽的兩個極區：太陽南極和太陽北極。

極點總是神祕而有趣的地方。人類在 100 多年前，征服地球北極和南極的過程中，就有很多令人動容的故事。如今我們很難想像當年的地球極區征服者所遇到的困難，但看看他們使用的交通工具，也許能給我們一些啟迪：由於地球極區的特殊地理條件和氣候環境，當年征服兩極的先驅們所使用的交通運輸工具，基本上都是「狗拉雪橇」。

20 世紀初，美國探險家皮爾里用狗拉著雪橇首次到達了北極點，為北極探險寫下輝煌的一頁。從 18 世紀起，人類就開始了南極探險，英國庫克船長歷時 3 年 8 個月，航行 97,000km，環南極航行一周，但最終未發現陸地。

1911 年 12 月 14 日和 1912 年 1 月 17 日，挪威的阿蒙森和英國的史考特（Robert Falcon Scott）率領的探險隊先後到達南極點。阿蒙森是第一個到達的人，史考特在一個月後到達。但是，史考特小隊的五人不幸遇難，全部死於回程的路上，他們也成為後人心目中可歌可泣的南極探險英雄。

史考特從南極點返回時運氣不佳，碰上罕見的大風雪。一行人冒著呼嘯的風雪，越過冰棚，歷盡千辛萬苦，卻捨不得將隨途所採集的 17kg 重植物化石和礦物標本丟棄！史考特看見同伴們一個接一個因為極其惡劣的生存條件和疾病的折磨而死去，他痛苦地寫下最後一篇日記「我現在已沒有什麼更好的辦法……結局已不遠了……」。雖然沒有得到「第一次登上南極點」的榮耀，但史考特等人留下的日記、照片，以及採集到的化石和標本，為後來的南極探險、地質勘測等，都做出了重大的貢獻。科學需要付出，有時候甚至以生命為代價。雖然在現代，這種不幸已經越來越少，但前輩的精神，為我們留下珍貴的科學遺產。

據說史考特等人的悲劇也有一部分是緣於自身的錯誤。他們沒有像阿蒙森那樣大量地使用「極地雪橇犬」，而是採用了狗、小馬、拖拉機，並輔以人力拖拉的混合運輸方式。最後，小馬因為不適應南極環境而死去，拖拉機難以行駛、掉進海裡，導致最後物盡人亡的悲劇。

地球極區以其獨特的魅力吸引人類前去探索！太陽也有極區，對天體物理學家們而言，太陽的兩極也是個奇特而神祕的未知地域。

無論太陽還是地球，都有地理上的「南北極」，也有磁性意義上的「南北極」，下文中將按照通常習慣：「南極、北極」多指地理的南北極，磁極則用字母 S 與 N 表示。剛才介紹的探險英雄人物，探測目標是地球地理上的南極。地球像一個大磁鐵，磁鐵的 S、 N 與地理上的南北極，位置相差一點點，方向正好倒過來。也就是說，地球的南磁極 S 位於北極圈內，北磁極 N 位於地理上的南極。太陽的情形也有點類似，且太陽或地球的磁極都在不斷地運動著，有時甚至進行完全的掉轉，即 S、 N 互換。地球磁極互換的週期很長，大約每 30 萬年才發生一次，而太陽的磁極則翻轉得異常迅速，每 11 年 N、 S 極點便對調一次。因此，從發射技術的角度而言，「尤利西斯號」的目標指向太陽的地理南北極。但天體物理學家們感興趣的是太陽磁場的 N、 S 極及其變化。尤其是，人們越來越意識到太陽風對地球的重要意義，而太陽風更多來自磁場極區附近的「冕洞」結構。太陽這團「大火焰」及其變化活動，在磁場的極區表現得尤為激烈，而人類對其規律仍然知之甚少，有待探索。

1990 年，阿蒙森和史考特第一次到達地球南極之後將近 80 年，人類派出了「尤利西斯號」，目標直指太陽南北極。不過，太陽表面太熱了，「尤利西斯號」在那裡無法生存，聰明的設計者們當然不能讓他們的「寵兒」直接飛到太陽上自取滅亡，而是想辦法讓它盡量接近太陽極點，「站」在一個合適的位置來觀察太陽。

為什麼需要發射一個太空探測器去探索太陽極點呢？難道透過地球上的大型望遠鏡不能觀測到太陽的南北極嗎？

事實正是如此，在地球上的確不容易觀測太陽的南北極。地球繞著太陽轉，兩者又分別繞軸自轉，太陽南北極連線多數時候是幾乎垂直於行星的軌道平面（粗略而言，等同於黃道面），因而難以被觀測到。可以這樣比喻：兩個人與地面垂直、面對面站著，或者互相繞圈，都很難互相看見對方的頭頂或腳底部分。特別是對地球而言，面對著比它大出許多的太陽，只能看見對方挺著一個「大肚子」（圖 13-1），要看到兩端的北極和南極，就很困難了。

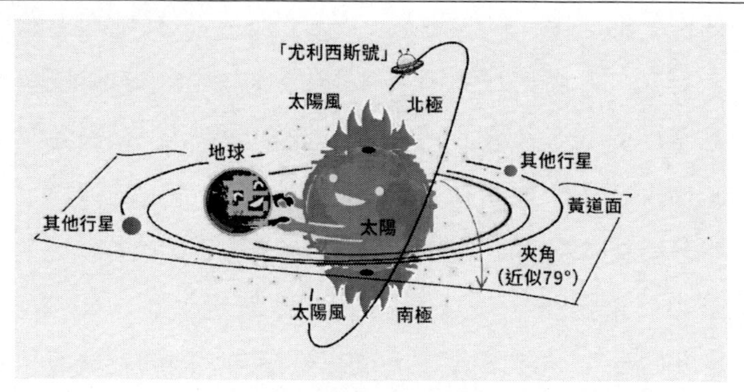

圖 13-1　「尤利西斯號」的軌道與黃道面成近似 79°的夾角

於是，科學家們想：如果能夠將探測器發射到一個與黃道面構成較大角度（幾乎垂直）的軌道上，不是就能夠方便地觀測太陽極區的情況了嗎？見圖 13-1。

2. 英雄身負重任上軌道

「尤利西斯號」是 NASA 與歐洲太空總署的合作項目，首先主要由歐洲太空總署設計製造，總質量為 385kg，其中 55kg 是包括太陽風等離子體探測儀在內的 10 種科學儀器，設計的工作壽命為 5 年。1990 年 10 月 6 日，在美國佛羅里達州，由「發現號」太空梭發射升空。探測器的控制中心位於美國加州的 NASA 噴射推進實驗室。

科學家賦予「尤利西斯號」的基本任務是：進入合適的太陽軌道，飛越太陽南北極點，近距離觀察太陽兩極地區，探測太陽極區的祕密！更具體地說，它的使命是探測研究太陽風的特性、日光層磁場、太陽活動爆發、冕洞等，加深人類對太陽，特別是對太陽極區的了解。

如何才能達到這個目標呢？換言之，什麼是適合探測太陽極點，又不至於被太陽「燒傷」的軌道？如圖 13-1 所示，這個繞日軌道最好與黃道面近似垂直。然而，在發射太空船的過程中，為了使它達到一定的速度，一般都需要利用地球的自轉，在順著地球自轉的方向發射。因為這個原因，發射的絕大部分探測器都是在黃道面內運行，設計者們計劃讓「尤利西斯號」一開始也遵循這個原則，發射時沿著一條長橢圓形的繞地軌道飛向「太空」。

「尤利西斯號」並非盲目地飛向太空，它的第一個目標是飛向木星。更為準確地說，是飛向 2 年之後木星將到達的位置，在那裡與木星「見面」。為什麼飛向木星呢？這是設計者玩的一個花招，要讓「尤利西斯號」從木星的軌道運動中「盜取」一點能量和角動量。重要的是，用這種方法（引力助推）使得「尤利西斯號」轉換軌道：從原來繞地的橢圓軌道，轉換「跳」到繞日的橢圓軌道上。

1990 年 10 月 6 日，「發現號」太空梭進入軌道 6 小時之後，機上的太空人打開貨艙，將「尤利西斯號」探測器從艙內推出。接著，探測器利用它自身的 3 級火箭加速，提高飛行速度到每秒 16km 左右，然後沿著繞地軌道，背對太陽而去。圖 13-2 中畫出了「尤利西斯號」的整個軌道圖，它最初的軌道基本上是在黃道面以內，由圖中標識「地球到木星」的中間那條紅線表示。軌道圖右邊所示的放大圖，顯示探測器在木星附近的軌道轉換的情形。

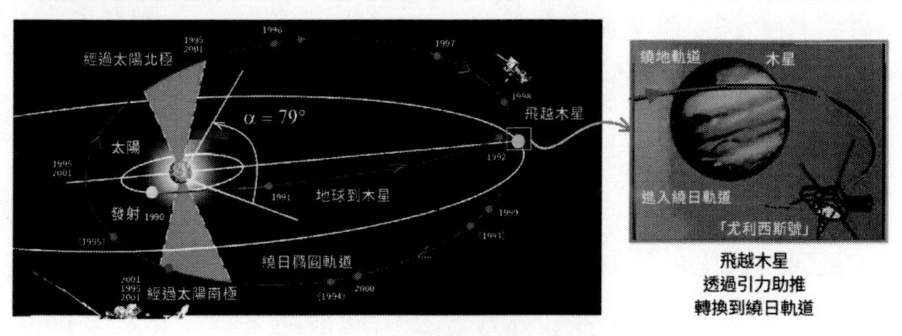

圖 13-2 「尤利西斯號」的軌道

經過 16 個月的航行，「尤利西斯號」於 1992 年 2 月與木星「碰面」。木星是太陽系中的行星之王，它的質量（1.898×10^{27} kg）相當於其他 7 個行星相加之總和的 2.5 倍，等於 318 個地球！如此大質量的木星，附近的引力也很大，看起來幾乎要把可憐的、不到 400kg 的「尤利西斯號」俘獲成為它自己的衛星！不過，科學家們胸有成竹，他們經過了精確的計算，並且預先讓「尤利西斯號」加速到足夠的速度，有足夠的慣性來逃離木星巨大的引力。最後探測器繞著木星轉了半圈（實際上是一個雙曲線軌道）之後，借助木星的強大引力「盪了一下鞦韆」，獲得了一個與黃道面垂直的速度。因此，「尤利西斯號」脫離了黃道面，「蹦」上了另一條繞日橢圓軌道，向著它的最終目標 —— 太陽飛去！見圖 13-2 中的紅色橢圓。

神奇的引力助推，讓探測器的繞日軌道（週期 6 年）以近乎垂直的角度，豎起在黃道面上。1994 年 6 月 26 日，「尤利西斯號」第一次接近太陽南極；1995 年 6 月 19 日，第一次通過太陽北極。「尤利西斯號」自投入使用，至 1995 年 9 月為止，已經完成了原定設計任務。但令人驚喜的是，它精力仍然充沛，不想「退休」。它繼續在軌道上飛行，對太陽展開進一步的探測研究。2000 年 11 月 27 日，「尤利西斯號」再次通過太陽南極地區；2001 年 9 月～ 12 月，第二次通過北極地區。2006 ～ 2007 年，「尤利西斯號」探測器第 3 次通過了太陽極區。

「尤利西斯號」3 次繞過日極，以超越原定「壽命」兩倍以上的工作時間和探測研究，超額完成了肩負的任務。這是人類第一次從三維立體角度探測太陽的南北極。太陽黑子的活動週期是 11 年，也是太陽磁場活動的半週期。「尤利西斯號」服役 18 年 9 個月，它在繞日軌道上運行了 14 年，涵蓋了太陽的第 22 ～ 23 活動週期，見證了太陽活動從寧靜期到高峰期，又轉為低峰，拍攝了不少科學家們前所未見的現象，傳回了大量有價值的觀測資料。

3. 探測結果

(1) 探測極區冕洞

「尤利西斯號」的目標是探測與太陽風有關的太陽磁場。太陽風實際上就是太陽磁場向周圍宇宙太空的延續。如圖 13-3（b）所示，在太陽的（磁性）赤道附近，磁力線是閉合的，吹出的太陽風也沿磁力線返回；在太陽的極區（N、 S）上方有空洞（冕洞）存在，也就是太陽磁力線敞開的地方，太陽風便從此逸出。「尤利西斯號」在飛躍極地時，對太陽風進行取樣，探測到了先前人們未預料到的高緯度輻射暴，觀測到極區太陽風從冕洞逸出的情形，見圖 13-3（a）。

「尤利西斯號」主要研究太陽整體的磁場，為後來發射的太陽探測器產生開路先鋒的作用。之後的探測器又拍攝到了太陽表面磁場的超精細結構，見圖 13-3（c）。

(2) 觀測磁極翻轉

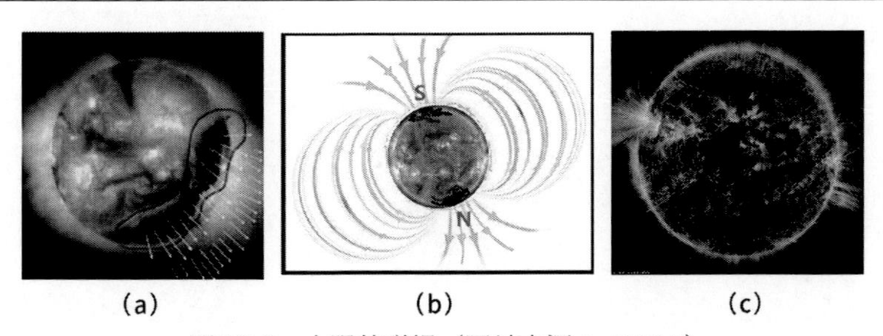

圖 13-3　太陽的磁場（圖片來源： NASA）
（a）太陽冕洞；（b）太陽磁場；（c）太陽磁場的精細結構（SDO）

如上文所述，地球的磁極（N、 S）位置與地理南北極是相反的，磁極互換的週期大約為 30 萬年。這與人的壽命相比太長了，難以在短期內進行研究。而太陽的磁極翻轉週期（翻轉又翻轉）為 22 年，即磁極運動的半週期與太陽黑子活動的週期同步。為什麼太陽磁極翻轉與黑子有關？其中有何內在的奧妙？地球磁極翻轉的週期又與什麼有關呢？這些問題至今並無令人滿意的答案。太陽磁極翻轉快，便於進行研究，研究太陽的極區磁場可能會告訴我們自己星球上磁場的線索。因此，對太陽磁極翻轉的觀察數據，不僅對太陽活動的研究者有用，地球物理研究也可能從中受益。此外，太陽磁場極性改變，也可能對地球氣候、高頻無線電、衛星通訊等有一定的影響。

「尤利西斯號」運行壽命為18年，幾乎涵蓋兩個太陽黑子活動週期，也正好觀察到了太陽磁極的翻轉過程。

1994 年，「尤利西斯號」第一次飛越太陽南極（地理）地區時，正值日冕活動極小值時期，如圖 13-4（a）所示。2000 年 11 月，「尤利西斯號」返回到離太陽 2.2AU（1 天文單位 AU 是從太陽到地球的平均距離）的南極地區時，發現磁場被分裂成多個方向，太陽活動接近最大值，磁場似乎正處於複雜重組的過程中，如圖 13-4（b）所示。「尤利西斯號」繞日的軌道週期是 6 年左右，它對太陽磁場的 3 次觀測結果證實了太陽磁極翻轉為 11 年左右。

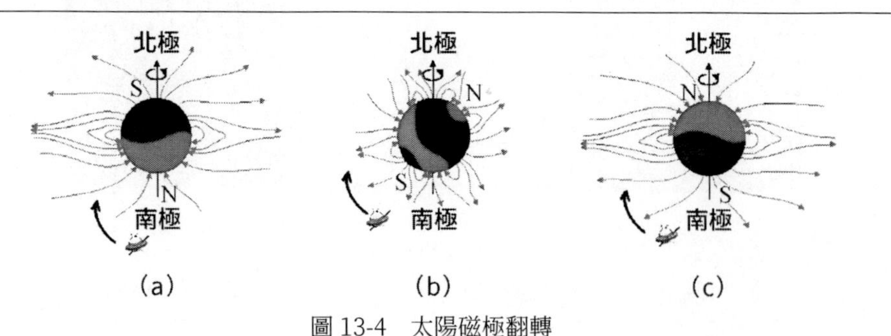

圖 13-4　太陽磁極翻轉

（a）活動極小期 1994 年；（b）活動極大期 2000 年；（c）下一次太陽活動極小期

圖 13-4 是太陽磁極翻轉的示意圖，「尤利西斯號」3 次飛躍極區觀測到的太陽風變化情形與此類似。從「尤利西斯號」得到的資料，可證實黑子活動規律是與太陽磁極翻轉同步的。

(3) 太陽風的速度及其他結果

太陽極區的冕洞吹出的太陽風是由帶電粒子組成的等離子體流。「尤利西斯號」的南北極飛躍，使人們得以研究太陽南北極溫度的差別，以及赤道和極區太陽風速度的差別等。

「尤利西斯號」測量了太陽附近不同位置的太陽風速度，發現太陽風的速度隨著緯度的遞增而加快。在南半球接近太陽赤道的部分，太陽風的速度大約只有 400km/s；而在南半球高緯度上，太陽風速度大約為 750km/s，幾乎提高了一倍。此外，科學家透過對太陽的觀測發現，太陽風正在逐年減弱，目前正處於有史以來最微弱的時期。

除了太陽產生等離子體流之外，宇宙中的其他恆星也產生各自的「風」。因此，宇宙太空中充滿了「宇宙風」。科學家們設想，冕洞吹出強烈的太陽風，也有可能會讓宇宙中別的粒子「風」大量湧入？但「尤利西斯號」的測量結果表明，事實並非如此，它沒有在兩極地區觀測到預期的宇宙射線，這給天文學家們提出了一個新的課題：是什麼原因在阻止宇宙線不進入太陽極區呢？

此外，1996 年 5 月，「尤利西斯號」還得到一個難得的機會，它穿過了「百武」彗星的尾巴，尤利西斯分析了彗尾的化學成分，發現其尾巴的長度至少有 3.8 天文單位。

「尤利西斯號」是探索太陽的英雄。但太陽系之外還有一個廣漠無垠的、人類想要探究的宏大宇宙，那麼，如今飛得最遠的太空船是哪一個？飛到哪裡呢？欲知答案如何，且聽下回分解。

第14節
離地最遠航海家　高速飛入寰宇中

2012年8月25日，美國地球物理聯盟宣布「航海家1號」探測器正式離開太陽系的「邊界」，進入星際太空。這是迄今為止飛得最遠的人造太空船，已經飛出了太陽系！但是，哪裡才是太陽系的邊界呢？這個問題不是那麼容易回答的。首先要看你如何定義這個「邊界」。如果用一個恆星的「勢力範圍」來界定它的邊界的話，也至少有3種明顯的方式：①從它引力所及的範圍；②光輻射所及的範圍；③恆星風所及的範圍。

輻射作用和引力作用都遵從平方反比定律，按距離的增加而下降，可以連續變化直到無窮，並沒有一個清楚的邊界。陽光照亮的範圍顯然不宜用來定義「邊界」，因為太陽的亮度不會在某處戛然而止。太陽能不能被看見？這個概念包含了太多主觀的因素，或者說取決於測量技術的發展。至於引力範圍，也是個相當模糊的界限。曾經有人認為太陽引力的邊界就是太陽引力不再占主導地位的區域，也許可以把太陽系邊界定義到繞日旋轉的最遠天體處？但是，考察一下行星及彗星的發現歷史，就覺得這不是一個合適的方法。

過去認為冥王星是太陽系中最遠的行星，但後來人類又陸續發現了許多矮行星及其他小天體，挑戰冥王星的行星地位，使它於2006年被取消了太陽系行星的資格。此外，還有難以計數的彗星。實際上，天文學家認為，在冥王星之外遠離太陽的邊沿區域，有可能存在一個長週期彗星的巨大「倉庫」：歐特雲，這片模糊的未知地帶，可能延伸到距太陽約2光年之遙。一片模模糊糊的「雲」，顯然不適合作為邊界！

因此，天體物理學家最後將太陽風的大概範圍定義為太陽系的「邊界」。

與太陽風相類似，宇宙中的其他恆星也都會吹出自己的「等離子風」。這些看不見的磁性「星風」，在宇宙太空中互相糾纏、搏鬥、抗衡，其道理和圖 12-3（a）所示的地球磁場抵抗太陽風的情形類似，不過太陽距離別的恆星比較遠，太陽風變形少，看起來就像是在宇宙太空中吹出一個「大泡泡」，可以看成是一個球形，或橢圓球形，見圖 14-1(a)。

別的恆星也會吹出自己的大泡泡，所以從與等離子體風相關的電磁場的角度來描述宇宙，便是一幅充滿橢圓球形「泡泡」的圖景，見圖 14-1（b）。

恆星之間的距離比較遠，各自的泡泡代表每一顆恆星的「星風」勢力範圍，從嚴格意義上來講，「星風泡」是天文學的專用名詞，用來特指藍光型大質量恆星的直徑超過 1 光年、充滿了熱氣體的恆星風內部空間。較微弱的恆星風吹出的泡狀結構，通常被稱為天體球。太陽風吹出的又叫做「太陽圈」，算是一個小星風泡。泡中「等離子體」風拂面，像一個「熱騰騰」的大帳篷，太陽系內主要的行星都沉浸其中。

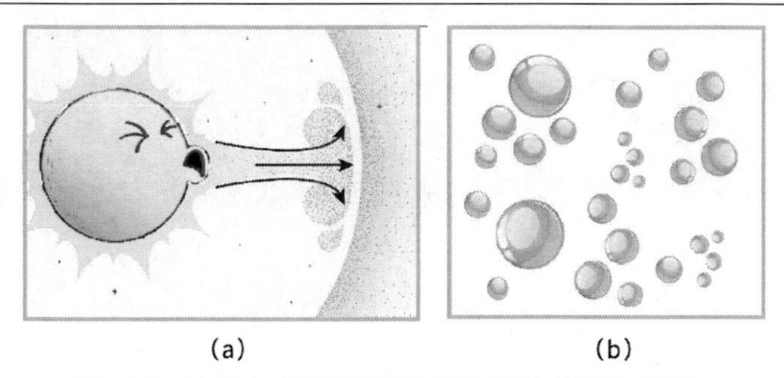

圖 14-1　宇宙中充滿了恆星吹出的等離子體風「泡泡」

因此，太陽系和很多其他恆星系統類似，吹出一個等離子體支撐著的泡泡，在銀河系中靠近邊緣處，飄浮著「隨風」航行，大約 2.5 億年繞銀河一圈。

看起來空無一物的太空實際上充滿了微小的塵埃和粒子，稱之為星際物質。我們的太陽「泡泡」穿過這些物質時，也會遇到阻力，就像船划過水面、飛機或子彈穿過大氣時一樣，會在前方造成弓形震波。那個區域中太陽風驟減，是太陽風和宇宙風相平衡的界面。超過這個界面之後，宇宙風和宇宙磁場成為主導。

圖 14-2 為太陽系邊界周圍情況的示意圖。在圖 14-2（a）中，宇宙中其他恆星風的作用，籠統地用星際物質形成的「宇宙風」來代表，宇宙風的方向與太陽運動的方向相反。從圖 14-2（b）可見，這個太陽風泡泡定義的太陽系邊界，遠在冥王星之外，但也遠在歐特雲之內，大約等於 100AU。也就是說，太陽風泡泡的半徑大約等於地球到太陽距離的 100 倍（冥王星與太陽平均距離 35AU）。圖 14-2（b）用對數橫坐標顯示了冥王星、「航海家 1 號」、歐特雲等的相對位置。

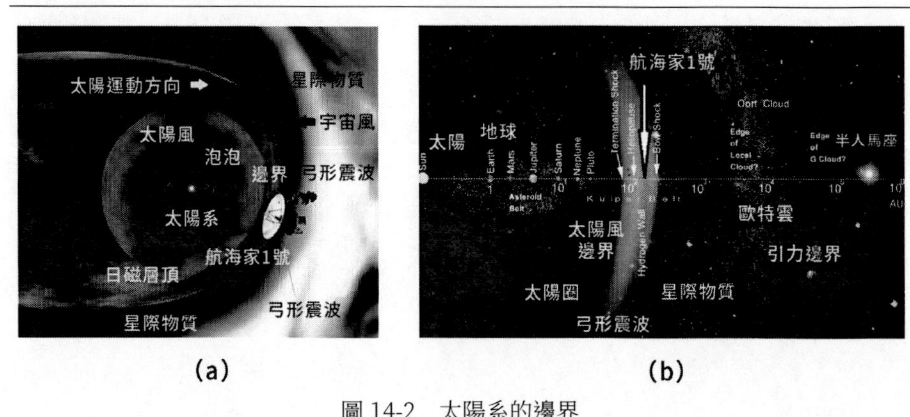

圖 14-2　太陽系的邊界

（a）太陽風吹出的大泡泡作為邊界；（b）太陽風邊界與引力邊界之比較

圖 14-2（a）中，太陽風不能繼續推動星際物質的地方稱之為日磁層頂（heliopause），這是太陽風和「星際宇宙風」相抗衡而產生的「駐點」，通常被認為是太陽系的邊界。雖然日磁層頂也無精確固定的數值，

但比起用輻射亮度或引力來界定邊界，還是明確、清楚多了。

圖 14-2（a）和圖 14-2（b）中，都標示出在太陽圈運動前方的「弓形震波」。震波所在位置已經超出了太陽圈的範圍，因為震波並不是直接由太陽風產生，而是由星際物質產生的，是因為太陽圈在星際太空運動而激發了星際物質的「擾動」，正如子彈在空氣中高速運動時，空氣產生震波的道理一樣，如圖 14-3 所示。

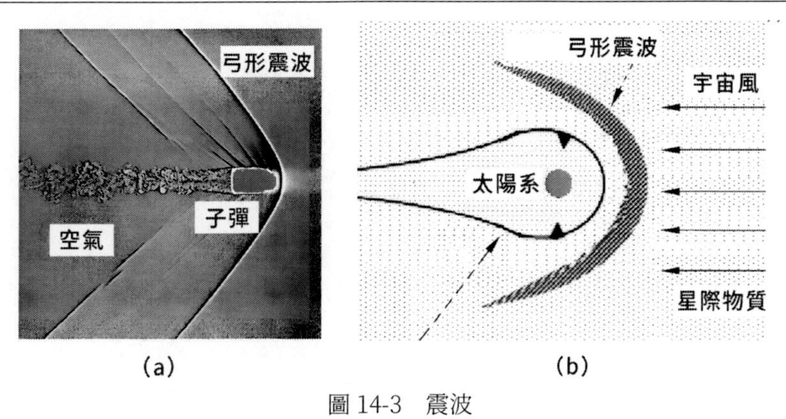

圖 14-3　震波
（a）超音速子彈；（b）太陽風「泡泡」

對「航海家 1 號」而言，當它接近和通過太陽駐點時，可以透過探測到如下三種情況來判斷是否到達太陽系邊界：太陽風風力急跌；宇宙射線水平飆升；周圍磁場大小和方向的改變。

「航海家 1 號」的飛行速度比現有任何一個飛行器都要快些，這使得較它早兩星期發射的姐妹船「航海家 2 號」永遠都不會超越它。截至 2013 年 8 月，「航海家 1 號」處於距離太陽約 125AU 處，它發出的訊號需要 17 小時才能抵達地球上設於美國加利福尼亞州的控制中心。

兩位航海家姐妹於 1977 年相差 15 天發射升空，NASA 的目的是要讓它們趕上一個特別的、176 年一遇的四行星「幾何排陣」機會，這四顆行星指的是太陽系的 4 顆外行星，即木星、土星、天王星和海王星。

那一段時間，四顆行星將位於太陽的同一邊，方便同時拜訪。於是，專家們讓「姐姐」「航海家 1 號」利用這個機會，先探測木星、土星及其衛星和環。同時，在這兩顆行星附近，「航海家 1 號」得到很強的引力助推，使它的速度超過了第三宇宙速度，具有飛出太陽系的能力。這時候，科學家們靈機一動，將它的後續任務作了一些改變，何不讓它飛出太陽系呢？在途中，它可以去探測日磁層頂，以及對太陽風進行粒子測量，走一條迄今為止，所有的太空船都沒有走過的道路。

雙胞胎中的「妹妹」也在每個行星處得到引力助推，不過航太專家們讓它被「助推」得恰到好處，讓它的軌道始終留在黃道面上，剛好將四個行星逐一拜訪。「妹妹」於 1989 年抵達海王星軌道，完成了它的最後一項預計任務。

「兩姐妹」的規定任務到目前早就完成了，不過它們都還在發揮餘熱，仍然不停地向地球發回訊息。

根據 2016 年 6 月 NASA 的資料，「航海家 1 號」目前距地球約 202 億公里。「妹妹」雖然永遠追不上「姐姐」，但也緊跟其後，據說也已經接近太陽系的邊界了。在圖 14-2（b）中，「航海家 1 號」看起來是在向著半人馬座的方向衝去！但實際上還離得遠呢！半人馬座 α 是離太陽最近的恆星，距離為 4.37 光年。

比「航海家姐妹」的發射早幾年，NASA 在 1972 和 1973 年，還相繼發射了一對「雙胞胎兄弟」：「先鋒 10 號」和「11 號」，他們的原定任務包括探測太陽風的邊界，但最終未完成使命便與地面失去聯繫。這對「兄弟」的速度遠沒有「航海家」快，雖然更早上天，但沒有碰到 176 年一遇的良機，也就沒有得到那麼多的「引力助推」。「先鋒 10 號」曾經保持多年的「離地最遠飛行器」紀錄，但在 1998 年，距離地球 70AU 左右時，被「航海家 1 號」超過。

「航海家姐妹」目前的軌道是雙曲線，並且已經達到了第三宇宙速度。這意味著它們踏上的是一條有去無回的征程，一旦離開後，便永遠也不會返回太陽系了。「航海家號」探測器以三塊放射性同位素熱能發電機作為動力來源。這些發電機目前已經大大超過設計壽命，在大約 2020 年之前，它們仍然可提供足夠的電力令太空船繼續與地球聯繫。然而，再過 10 幾年後，也終將耗盡能源，而與發射它們的「主人」失去連結。那時候，一對雙胞胎姐妹，加上一對雙胞胎兄弟，都將成為無家可歸、無人問津的星際太空船，各自孤零零地向不同方向奔跑，卻不知道去向何方。不過，它們都攜帶著人類文明的訊息，但願有朝一日，能被另一種文明社會發現，方不辜負人類的苦心。

走得最遠的這幾個太空船，也不過才剛剛越過或正在越過太陽系邊界而已。除了太陽系外，還有銀河系，還有上千億個的河外星系，人類又是如何去探索、了解它們的呢？這又回到了最古老的觀天方法：伽利略使用的天文望遠鏡。不過，現代的人類早已不像當年的伽利略那樣，只能用雙眼從地面上觀察。現在，我們把望遠鏡，甚至可以說是把「天文臺」，搬到了太空中，那就是太空望遠鏡。欲知詳情，且聽下回分解。

第 15 節
望遠鏡九霄攬銀河　「哈伯」深空探宇宙

望遠鏡對天文學的貢獻毋庸置疑，沒有望遠鏡，人類的目光實在是太有限了。人類觀天的能力隨著望遠鏡技術的發展而進步。伽利略用望遠鏡研究太陽系的行星和它們的衛星；赫歇耳（Herschel）家族用望遠鏡探測銀河系並記錄下幾萬顆星星，建立了天文學發展的基礎；哈伯用望遠鏡觀測到 4 萬多個「河外星系」，大大擴展了人類觀測宇宙的視野！

天文望遠鏡自發明初始一直沿用至今，不過，現代的天文望遠鏡已經今非昔比。除了望遠鏡本身的光學技術不斷改進、精密度不斷提高之外，更重要的是，科學家們可以充分利用現代太空探險技術，將望遠鏡安置在太空中，稱之為「太空望遠鏡」。

為什麼要將望遠鏡的位置提升到太空的高度呢？是為了擺脫大氣層對觀測的干擾。地球被厚厚的大氣包圍，這對人類的健康至關重要，使人類免受有害輻射的危害。但與此同時，地球大氣層也阻礙我們觀測天象。大氣層對來自天外的輻射是選擇性地吸收，只有可見光和某些頻段容易通過。此外，即使在可見光範圍內，大氣層的散射也會導致我們沒辦法看到太遠的星系，因為它們比大氣層自身的散射光還暗。這也是為什麼一般都將天文臺建立在高山上的原因。

現代天文觀測將望遠鏡的工作頻率範圍從可見光擴展到了伽瑪射線、 X 射線、紫外線、紅外線、射電波段等。

比如，NASA 的大型軌道天文臺計畫，包括四個大型太空望遠鏡：哈伯望遠鏡、康普頓伽瑪射線天文臺、錢卓 X 光觀測衛星、史匹哲太空望遠鏡，它們分別工作在可見光、紅外線、紫外線、伽瑪射線及硬 X 射線、軟 X 射線這些不同的波段，獲得了一定的成果。

錢卓 X 光觀測衛星發現了中等質量黑洞存在的證據，觀測到銀河系中心超大質量黑洞 —— 人馬座 A* 的 X 射線輻射。哈伯望遠鏡提供的高清晰度光譜，也證實銀河系中心超大質量黑洞的存在，且這樣的黑洞遍及宇宙各星系。有關黑洞，我們在後面還會介紹。

1. 哈伯望遠鏡

「哈伯望遠鏡」以美國著名天文學家艾德溫．哈伯（Edwin Hubble，1889 ～ 1953）的名字命名。哈伯被後人譽為「星系天文學」之父，他確定了數萬個河外星系，為天文學開闢一個新的發展方向：測量宇宙學。

「哈伯望遠鏡」和哈伯一樣，為天文學立下了大功。「哈伯」總長度 16m 左右，近似於兩輛大型的雙層巴士。但是，它實際上只是一個小個頭的望遠鏡，主鏡直徑僅為 2.4m。大家都知道，天文望遠鏡的口徑大小是一個重要參數，如今許多放在高山之巔的望遠鏡直徑都是 8m 乃至 10m，「哈伯望遠鏡」與這些大塊頭比起來，太不起眼了。不過它的優勢是位於太空，它就是一顆人造地球衛星，以 7,500m/s 的速度，繞高度為 559km 的低地球橢圓軌道運行，97 分鐘就能繞地球一圈。位於太空的優勢是無大氣散射造成的背景光，還能觀測會被臭氧層吸收掉的紫外線。因此，自 1990 年發射之後，「哈伯望遠鏡」已經成為天文史上最重要的儀器。

「哈伯」的主要任務之一，是更加準確地測量各星系之間的距離及速度，從而能更為準確地確定哈伯參數的數值範圍。哈伯參數的概念是艾德溫．哈伯提出的，用以表示來自遙遠星系的光譜紅移跟它們與觀測者距離的比值。

光譜為什麼會紅移呢？都卜勒效應可以給出最簡單、直觀的解釋。根據我們日常生活的經驗，當火車駛近我們時，汽笛聲變得更為尖銳（頻率增大）；而當火車遠離我們而去時，聲音則變得更為低沉（頻率減小）。對光波而言，紅光是可見光中頻率最低的，「紅移」為正值，意味著頻率變低，即星系遠離我們而去。紅移的測量是天文學家常用的方法，既能用以測量星系的距離，也能用來測量星系的速度。但距離還有各種其他的測量方法，諸如利用觀測造父變星、超新星爆發等。因此，紅移值便表明了星系離開我們的速度。

當年，艾德溫．哈伯對大量星系測量的結果，總結出一條哈伯定律：$\upsilon = H_0D$。其中 υ 是星系速度，D 是星系距離，H_0 就是哈伯參數。哈伯定律的意思就是說，星系飛離我們的速度與其距離成正比，離得越遠的星系，飛離得越快。這個結論給出宇宙正在膨脹的圖像，之後成為支持宇宙起源大爆炸（Big Bang，大霹靂）理論 [9] 的重要證據。由此可見，哈伯參數的測量對研究宇宙的起源、演化、年齡等問題十分重要。

「哈伯望遠鏡」升空後，將哈伯參數的測量誤差，從 50% 提高到 10% 以內，並與其他技術測量出來的結果基本上一致。之後，1998 年，3 位物理學家索爾．普爾馬特（Saul Perlmutter）、布萊恩．施密特（Brian Paul Schmidt）和亞當．里斯（Adam Guy Riess），透過觀測（不僅僅限於「哈伯」）遙遠的超新星，從而發現宇宙不僅在膨脹，而且正在加速膨脹。三位學者因此而榮獲 2011 年諾貝爾物理學獎。

除了更精確地測定哈伯參數之外，哈伯太空望遠鏡升空 20 多年來，傳回了大量珍貴的天文影像，例如「哈伯深空」和「哈伯超深空」等。

當我們將望遠鏡的鏡頭指向空中某一個方向時，例如圖 15-1 所示的哈伯深空和哈伯超深空拍攝方法，我們會看到很多顆星星。這些星星距離我們有遠有近，因為光的傳播需要時間，所以我們看到的星星，並不是它們當前的模樣！就像我們白天抬頭看到的太陽，是 8 分鐘之前的太陽，晚上看見的月亮，是 1.28 秒之前的月亮。延遲的時間是 8 分鐘或 1.28 秒，都是小事一樁，我們習慣於將它們當成「現在的」太陽、月亮，實際上這段時間也很短，太陽、月亮基本上也沒發生什麼大的變化。但是，如果我們將這個概念用於遙遠的星球，就會得到一些有趣的結論。也就是說，我們看見的是這個星星的「過去」，或者是這個位置上「過去」的星星！ 8 分鐘前的「過去」不必大驚小怪，但 10 年、1,000 年、1 億年前的「過去」，那就非同小可了！

人類從地面上用肉眼觀察天象，看到的也是星星的過去。不過，一來我們的眼睛測量不了星星的距離，不知道是多久前的「過去」；二來，人眼觀測能力有限，太黯淡的星星就看不見了。而「哈伯望遠鏡」可以在無光害，無大氣干擾的外太空中，觀測宇宙天體，能更精確地捕捉人類肉眼無法辨識的微弱星光，使得人類探索宇宙的「視野」得到無限地擴大。換言之，像「哈伯」這樣的太空望遠鏡，能夠穿越時間的隧道，去探索宇宙遙遠的過去。

哈伯深空（Hubble Deep Field，HDF）是一張由「哈伯」於 1995 年所拍攝的夜空影像。拍攝位置在大熊座中一個很小的區域（僅 144 角秒）。圖 15-1（a）顯示了拍攝鏡頭所指的位置，我們沒有展示 NASA 發布的照片，因為肉眼是很難從這樣的影像中看出名堂的，只會看到一些密密麻麻各種亮度的星星而已。整張影像是由「哈伯望遠鏡」進行 342 次曝光疊加而成，拍攝時間連續了 10 天。HDF 所包含的區域幾乎沒有銀河系內的恆星，可見的 3,000 多個天體全部都是極遙遠的星系。

繼拍攝哈伯深空之後，1998 年，「哈伯」又以類似方式拍攝了南天深空。2003 年拍攝的哈伯超深空（Hubble Ultra Deep Field，HUDF），拍攝位置見圖 15-1（b），進行了 113 天的曝光，影像中大約有 10,000 個星系，顯示的是超過 130 億年前的「過去」。2012 年，NASA 又公布了一張哈伯極深空（extreme deep field，XDF）。這些是天文學家目前用可見光能獲得最深入的太空影像。

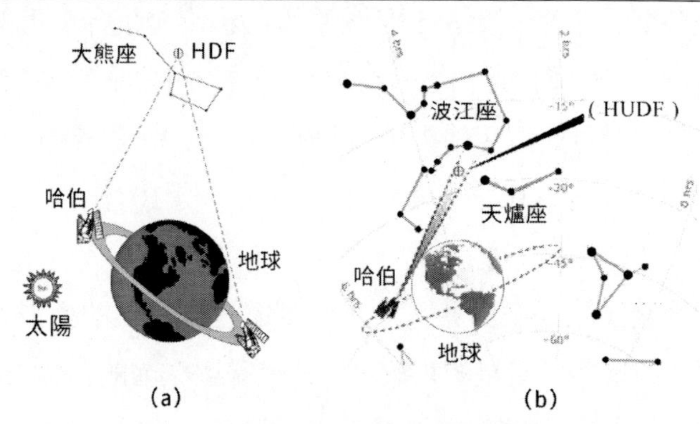

圖 15-1　哈伯深空和哈伯超深空的拍攝位置
(a) 哈伯深空；(b) 哈伯超深空

這些深入「過去」的照片，到底深入到了什麼年代呢？根據大爆炸理論，宇宙現在的年齡是 137 億歲，對應於圖 15-2 中最右邊「哈伯望遠鏡」目前所在的位置。圖 15-2 最左邊表示宇宙的起點、大爆炸及早期宇宙演化，之後產生了第一代恆星、第一代星系、現代星系；再後來，星系群、星系團、超星系團等大尺度結構形成……。圖中可見，哈伯超深空深入到了大爆炸後 6 億年左右，哈伯深空在大爆炸後 10 億年左右。

2. 詹姆斯・韋伯太空望遠鏡

2016 年，「哈伯望遠鏡」就已經 26 歲了，稍微老舊了一點，特別是其上的電子儀器，顯然已經落伍。不過 NASA 已經為它安排了接班人：韋伯太空望遠鏡（James Webb space telescope，JWST），實際上是由 NASA、歐洲太空總署與加拿大太空總署聯手打造的。這個望遠鏡與「哈伯」大不相同。首先，「哈伯」的工作頻率以可見光為主，延伸到近

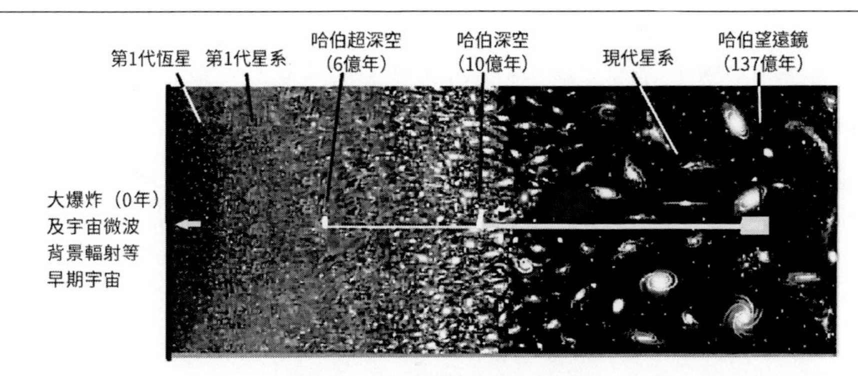

圖 15-2　哈伯深空深入「過去」

紅外和近紫外，而 JWST 則集中於紅外線波段。它用更大的鏡片聚光，見圖 15-3（a），以拍攝到太空遠處的照片，希望能比哈伯極深空再深入下去。

哈伯深空到極深空的幾張宇宙「過去」的影像，使天文學家和宇宙學家們非常興奮，也大大加強了他們研究宇宙起源、恆星演化、星系形成等的信心。因此，「韋伯望遠鏡」的主要科學目標之一，便是宇宙早期形成的第一批恆星和星系。為此目標，JWST 在紅外波段工作，因為在第一代恆星和星系初生的年代傳播到現代，可見光或紫外線已被紅移到了紅外區域。紅外線的波長更長，需要更大的鏡面來達到更高的分辨率。「韋伯望遠鏡」主鏡直徑 6.5m，幾乎是「哈伯」直徑的 3 倍。主鏡由鈹製成，鏡片上塗一層厚度僅為頭髮直徑 1/1000 的金，主鏡包括 18 塊六角形鏡片，在發射時折疊起來，升空安置好之後再打開。

「韋伯望遠鏡」比較特別的是它的軌道。它不是像「哈伯」那樣繞著地球轉圈，而是位於太陽—地球系統的拉格朗日點 L_2 上，有關拉格朗日點，請參考本書前面章節（第 9 節　三體運動生混沌　引力助推遨鞦韆）。

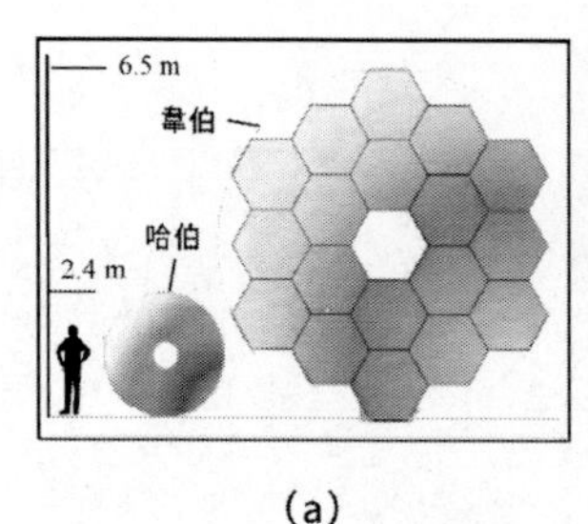

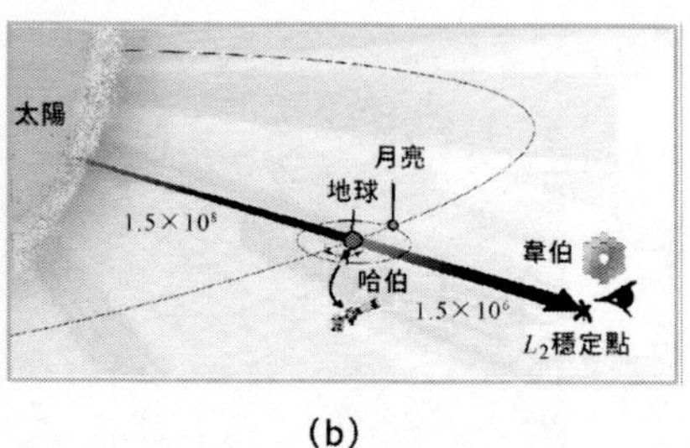

(a)　　　(b)

圖 15-3　詹姆斯・韋伯太空望遠鏡

(a)「哈伯」和「韋伯望遠鏡」大小；(b)　L_2 拉格朗日點

簡單而言，那個位置是第二拉格朗日點，見圖 15-3（b）。在兩個大質量質點和一個微小質量質點的簡化三體問題中，有 5 個點可以讓小質量天體穩定運行，這 5 個點被稱為拉格朗日點。L_2 點就是其一。

「哈伯」離地高度不過 600km，JWST 的位置卻距離地球約 1.5×10^6km，比它的前任離地球遠得多。2018 年，「韋伯」升空後的景像是這樣的（圖 15-3（b））：「哈伯」應該仍然在繞著地球轉小圈，仍然不停地發回大量照片；而在地球背對太陽的一方，「韋伯」背向地球，孤零零地飄蕩在 L_2 點上。在那裡，它比「哈伯」更遠離地球與太陽的干擾，能夠更方便地窺探深空，朝宇宙的起點望去！

「哈伯望遠鏡」已經將人類的目光延伸到離地球 130 多億光年之遙的地方，而人類最遠的太空船只飛到了光線在 17 小時內走過的距離，這樣懸殊的距離差別，只能讓人類望之興嘆。因此，我們還是將眼光從宇宙中暫且收回到近處吧！

太空望遠鏡並不是都要望到宇宙深處，它們觀測的目標有遠有近，工作波長從射電到伽瑪射線都有，觀測的天體各式各樣，諸如太陽黑子活動、脈衝星、雙星、紅巨星、超新星爆發、活躍星系核等。我們下面將要介紹，天文上觀測到的第一個黑洞，也是太空望遠鏡的功勞。不過首先有必要補充一些有關引力與黑洞的基本知識。諸位且聽下回分解。

第 16 節
天體間的引力之戰　希爾球和洛希極限

宇宙中星體間最基本的長程作用力是萬有引力和電磁力。在第 12 節中簡單介紹過太陽風和地磁場間的電磁抗衡，現在我們來討論一下引力。引力不像電磁力那樣有吸引也有排斥，而是只有吸引，但整個宇宙的所有物質卻沒有因為互相吸引而「塌縮」成一大團。一是因為宇宙中除了引力，還有電磁力；再者是因為各個天體形成之後，它們相互之間除了吸引，還有運動，運動產生離心力，使它們相互位置變化，交互作用也發生變化。就像月亮，因為其軌道運動產生的離心力平衡了引力，而使它不會掉到地球上的道理一樣。換言之，電磁力及引力交互作用導致天體之間不停地進行「戰爭」。每個星星都利用引力吸引其他天體，似乎是企圖吸引更小的天體來壯大自己。生物界的「大魚吃小魚、小魚吃蝦米」，在宇宙中則變成了「大星吞小星，小星吞石頭；大星撞小星，小星變石頭」。大大小小的天體在引力爭奪戰中互相接近、碰撞、破碎、分離，達到一個我們見到的所謂「平衡和諧」的宇宙狀態，天體力學中「希爾球」[10] 的概念，描述了這種短暫平衡下天體之間各自霸占的「勢力範圍」。

希爾球，以美國天文學家威廉．希爾（William Hill，1838 ～ 1914）命名。粗略來說，是環繞在某天體周圍、能夠被它所控制的（近似球形）太空區域。如圖 16-1（a）所示的太陽系日地關係為例，太陽因其在太陽系中具有最大質量，有一個大大的希爾球，所有繞日旋轉的行星軌道都應該在太陽的希爾球以內。每一個行星都有它自己的引力場範圍，是它的引力與太陽的引力抗衡所爭奪而得的「地盤」。比如說，地球能夠保持月亮作為它的衛星，而不是太陽的衛星，月亮一定是在地球的希爾球以內。圖 16-1（a）中的實線代表引力，因此圍繞每個星體的完整圓圈（實際上是三維空間中的球面），便基本上代表了該天體的引力場所及的範圍。

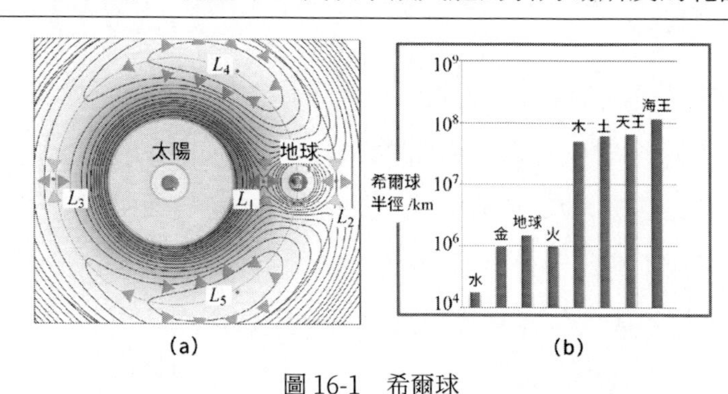

圖 16-1　希爾球
（a）希爾球的大概範圍；（b）8 大行星的希爾球半徑

不難直觀理解，每個行星希爾球的大小與行星及恆星（太陽）的相對質量有關，行星質量越大，它搶到的地盤（希爾球）當然越大。此外，離太陽的距離也是一個重要的因素。距離太陽越遠的行星，太陽對它難以控制，它便趁機擴大勢力範圍，網羅眾多的衛星，組織大家族，成立獨立王國。圖 16-1（b）表示的是八大行星的希爾球半徑，由圖可見，四個外圍大行星的希爾球半徑，比裡面四個的大了 2 ～ 3 個數量級。根據下面列舉的事實：木星和土星的（天然）衛星數目都在 60 個以上，地球卻只有一個孤零零的月亮；內圈行星沒有環，外圈的四大行星都帶環。應用剛才介紹的希爾球概念，相信你已經不難給這些現象一個簡單的物理解釋了。

希爾球有時也被稱為洛希球，因為在這方面的最早工作，來自於法國天文學家洛希（Albert Roche，1820 ～ 1883）。洛希還有一個貢獻：洛希瓣。在圖 16-1（a）顯示的太陽—地球引力等勢線中，有個橫著的 8

字形狀，便是洛希瓣，我們在第 19 節中還會介紹。

洛希的另一個著名工作是洛希極限，這個極限值與行星環的形成過程直接相關。

首先重溫一遍「潮汐力」的概念，它起源於地球潮汐的物理原因。但一般來說，指的是天體對其附近物體的不同部分產生的引力大小不同，而對該物體造成的某種影響。比如說，月亮對地球的潮汐效應，表現為海洋的漲潮、退潮；地球對月亮的潮汐力，則將月亮的自轉、公轉週期鎖定，使得它總以同一面對著地球。黑洞附近有強大的潮汐力，會將掉入其中的物體或人體撕得粉碎。

即使不是黑洞，巨大天體附近的物體如果靠天體太近，也會因為潮汐力而分崩離析成更小的部分。但什麼距離算是「太近」呢？這個距離界限就叫「洛希極限」。

洛希描述了一種計算物體（衛星）被潮汐力扯碎的極限距離方法，如果衛星與行星的距離小於洛希極限，便不能靠自身的引力保持原有的形狀，會因潮汐力而瓦解。洛希的理論可以用來粗略地解釋土星環是如何形成的，見圖 16-2。圖 16-2（a）中，一個小物體被行星吸引而向行星方向運動，在圖 16-2（b）所示的時刻到達洛希極限。圖 16-2（c）顯示，小物體在行星強大潮汐力的作用下，被撕碎成許多小塊。然後，這些小塊因為互相碰撞而具有不同的速度，最後大多數仍然被行星俘獲而圍繞行星轉動形成行星環，如圖 16-2（d）所示。

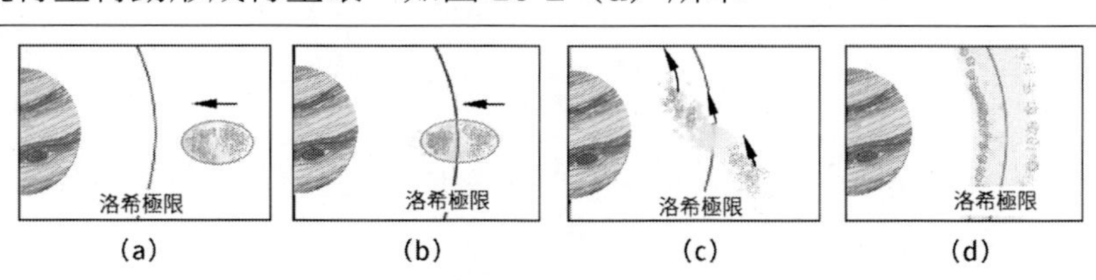

圖 16-2　用洛希極限解釋行星環的形成過程
（a）物體在極限外；（b）達到極限；（c）物體碎裂；（d）形成星環

洛希極限值除了與行星及衛星的質量有關外，還與構成衛星的物質有關。比如說，它與物體成分是固態物質為主，還是液態物質為主，以及具體的密度分布如何……等因素有關。這些因素也決定了環內「碎片」物體的大小。對一般常見的固態衛星而言，洛希極限是行星半徑的 2.5 ～ 3 倍。因此，大多數的行星環都在洛希極限以內或靠近，但並非絕對的，還與行星環形成的歷史過程有關。比如，從圖 16-3 中標誌的土星環系統中，從離土星最近的 D 環，到最遠的 E 環，洛希極限的位置在 F 環和 G 環之間，因此，土星的 G 環和 E 環都在洛希極限圈之外，其成因複雜，與土星環形成以及鄰近衛星的位置也有關。有關土星環的趣事，後面章節還會介紹。

天體靠引力和潮汐力互相作用，主宰著天體的運動，包括平動、公轉、自轉等。那麼，哪種天體周圍的引力和潮汐力最強呢？在第 11 節介紹恆星演化過程時，提到了恆星最後的歸宿：白矮星、中子星、黑洞，這些緻密天體體積小、質量大，因此它們周圍的引力場有其獨特之處，特別是黑洞。從愛因斯坦相對論的角度來看黑洞，特別是還涉及有關時間、空間的本質問題，導致了許多似乎違背日常經驗而難以理解的現象。

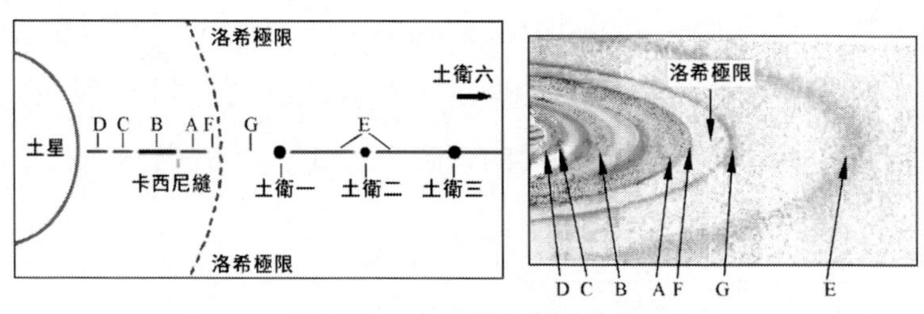

圖 16-3　土星環和衛星系統

這些緻密天體，從白矮星到黑洞，到底有哪些特別之處呢？欲知詳情，且聽下回分解。

第 17 節
鑽石星球價連城　無毛黑洞卻有熵

人類希望知道與我們生活息息相關的太陽生命演化過程。但是，恆星的進化過程緩慢，生命週期長達數 10 億年甚至上百億年，比我們個人的壽命不知道多了多少倍。我們看到的太陽天天如此，年年如此，好像世世代代都如此。如果僅僅從太陽這一個恆星的觀測數據，很難驗證太陽長時間內將如何變化和發展。我們之中的任何人，都無法觀察到太陽的誕生過程，也無法看到它變成紅巨星以及白矮星時的模樣，我們所能看到的，只不過是太陽生命過程中一段極其微小的窗口。

科學家總能找到解決問題的辦法，宇宙除了太陽之外，還有許多各式各樣的恆星，有的與太陽十分相似，有的則迥然不同。它們分別處於生命的不同時期，有的是剛剛誕生的「嬰兒」恆星；有的和太陽類似，正在熊熊燃燒自己的生命之火，已經到了青年、中年或壯年；也有短暫但發出強光的紅巨星和超新星；還有一些已經走到生命盡頭的耄耋之輩，變成一顆「暗星」，這其中包括白矮星和中子星，或許還有從未觀察到的「夸克星」。此外還有黑洞，它們是質量較大的恆星的最後歸宿，可比喻為恆星老死後的屍體或遺跡。觀測、研究這些形形色色、處於不同生命階段的恆星，便能給我們豐富的實驗資料，不但能歸納得到太陽的演化過程，還可用以研究其他星體的演化、星系的演化，以及宇宙的演化。

如今有紀錄的天文觀測資料中，已有不計其數的白矮星和中子星被發現。2014 年 4 月，在距離地球約 900ly 的水瓶座方向，發現一顆已有 110 億年壽命的「鑽石星球」，它與地球差不多大小，是到那時為止發現的溫度最低、亮度最暗的白矮星。白矮星或中子星的特點是密度超大，像那顆價值連城的鑽石星球，每立方公分的物質質量有幾 10 噸。此前，科學家們還曾發現半人馬座有一顆名為「BPM37093」的白矮星，直徑達 4,000km，質量相當於 10^{34} 克拉。據說它的核心已經結晶，每立方公分的質量竟達 10^{8}t。

恆星有 3 種歸宿：質量低一點的，最後成為白矮星；中等質量恆星死亡後，成為中子星；大質量恆星死亡後，成為黑洞。也就是說，基本上有兩個質量界限：錢卓塞卡極限和歐本海默極限，如圖 17-1 所示。

從圖 17-1（a）可知，錢卓塞卡極限大約是 1.44 個太陽質量，歐本海默極限是 2 ～ 3 個太陽質量，但這指的是星體在經歷了紅巨星之後開始「再塌縮」之前的質量。恆星在長長的主序星階段之後，會爆發成紅巨星，然後會甩掉部分質量，僅留下核心部分繼續塌縮。因此，主序星時的兩個質量極限值要比上述的兩個值更大，分別為 8 個太陽質量和 15 ～ 20 個太陽質量，如圖 17-1（b）所示的圖像說明。錢卓塞卡極限值可以用電子簡併態的理論估算出來，歐本海默極限數值目前還難以從理論模型來準確計算，因為中子簡併態的性質尚不完全清楚。典型的中子星物質每立方公分有超過 10^{8}t 的巨大質量，跟地球上一座中小型的山差不多重。中子星中如果又能發射脈衝訊號，則被稱為脈衝星。

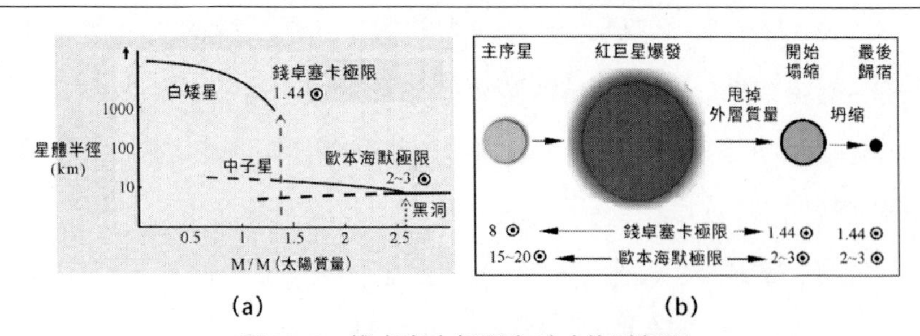

(a)　　(b)

圖 17-1　錢卓塞卡極限和歐本海默極限
（a）決定恆星歸宿的質量極限；（b）恆星演化過程中的質量變化

黑洞的最初概念來自於拉普拉斯的「暗星」。拉普拉斯預言，當一定質量的星體塌縮到半徑小於一定的極限值以後，這個天體對應的逃逸速度（即第二宇宙速度）便會超過光速，這意味著光線也不能從這個天體逃逸出去，別的任何物體的速度超越不了光速，當然就更不可能逃逸。那麼，這類天體不能發射任何光線，它也就不能被我們的眼睛看見，而變成了一顆暗星。

用「逃逸速度」預言的暗星可看成是牛頓力學對黑洞雛形的簡單描述，愛因斯坦建立了廣義相對論之後，黑洞是引力場方程式的解。首先是物理學家史瓦西找到了一個球對稱解，叫「史瓦西解」。這個解為我們現代物理學中所說的黑洞建立了數學模型。廣義相對論的「黑洞」概念，已經與原來拉普拉斯的所謂暗星，完全不是同一件事。黑洞有極其豐富的物理意義和哲學內涵，黑洞周圍的時間和空間有許多有趣的性質，涉及的內容已經遠遠不是光線和任何物體能否從星球逃逸的問題。

廣義相對論和牛頓萬有引力定律都是描述引力的理論。但不同於牛頓理論，廣義相對論將引力與四維時空的幾何性質連結起來。物理學家約翰．惠勒（John Archibald Wheeler）早年曾經與愛因斯坦一起工作，他曾用一句話概括廣義相對論：「物質告訴時空如何彎曲，時空告訴物質如何運動。」[11]

這句話的意思是說，時空和物質透過廣義相對論中的引力場方程式連結到了一起。這種連結可以用日常生活中的一個現象來比喻：一個重重的鉛球放在橡皮筋繃成的彈性網格上，使橡皮筋網下陷。然後，另外一些小球掉到網上，它們將自然地滾向鉛球所在的位置。如何解釋小球的這種運動？牛頓引力理論說：小球被鉛球的引力所吸引。而廣義相對論說：因為鉛球造成了它周圍空間的彎曲，小球不過是按照時空的彎曲情形而自然運動而已。

天體（或鉛球）的質量越大，空間彎曲將會越厲害。大到一定程度時，這張網被撐破，從而形成一個東西全都往下掉、再也撿不起來的「洞」，即為黑洞[12]。

愛因斯坦的引力場方程式，或簡稱「場方程（式）」，便是將時空幾何性質與物質分布情況連結起來的數學表述。方程式可以寫成如下簡單的形式：

$$R = 8\pi T$$

公式中的 R 代表時空彎曲（曲率），T 代表物質（包括能量）。換言之，T 決定了 R。乍看之下，引力場方程式所表示的只不過是一句話：「物質產生時空彎曲」。但因為這裡所謂的物質，就位於時空之中，它們的運動規律被時空所左右，即時空彎曲的情況會影響到物質的運動，R 變化將改變 T，從而又改變了 R，以此類推，便建立了物質與時空的相互依賴關係。

在給定的時空幾何中，物質沿著時空的「短程線」（也稱之為測地線）運動。測地線是平坦空間中直線概念在彎曲時空中的推廣。換言之，牛頓將引力解釋成「力」，愛因斯坦則是將引力幾何化。比如說，在地球表面斜著拋出的物體並不按照直線運動，而是按照拋物線運動。牛頓引力理論這樣解釋：地球對物體的「引力」使得物體偏離了直線軌道；而廣義相對論說：地球的質量造成了它周圍空間的彎曲，拋射體不過是按照時空的彎曲情形運動而已。拋物線是彎曲時空中的「直線」，即測地線。

上面的引力場方程式被寫成異常簡單的形式，但實際上，時空曲率 R 及表示物質的 T 中都有豐富而複雜的內容。它們都被表示為四維時空中的張量形式，分別稱為曲率張量（R）和能量動量張量（T）。簡單而言，張量是標量和矢量在數學上的擴展，可用以表示不同的物理量。我們僅舉簡單例子幫助讀者理解，如果想了解更多，可參閱筆者另一本科普讀物[13]。比如說，溫度是一個標量，也可稱為 0 階張量。速度具有方向，是矢量，在三維空間中要用 3 個數值來表示，或稱為 1 階張量。那麼，什麼是三維空間中的 2 階張量呢？那應該具有矩陣的形式，包括了 9 個數值，比如工程中的應力張量。

既然引力場方程式和牛頓引力定律都是描述萬有引力的，它們之間有什麼關係呢？牛頓定律可以看作當引力場比較弱的情況下場方程的近似。一般來說，引力作用是很微弱的，使用牛頓引力定律就足夠了。但是，在計算天體間的引力問題時，廣義相對論的場方程能得到更為精確的結果。特別是我們要介紹的黑洞，完全是廣義相對論得出的結論，牛頓定律是不能解決問題的。

場方程不僅涉及複雜的張量運算，還是一個非線性微分方程式，一般來說求解非常困難。而當年的史瓦西考慮了一種最簡單的物質分布情形：靜止的球對稱分布。也就是說，如果假設真空中只有一個質量為 M 的球對稱天體，那麼引力場方程式的解是什麼？這種分布情況雖然異常簡單，但卻是大多數天體真實形狀的最粗略近似。史瓦西很幸運，他由此特殊情形將方程式簡化而得到了一個精確解，這個解被稱為「史瓦西解」。史瓦西解中最重要的物理量是「史瓦西半徑」：

$$r_s = 2GM/c^2$$

表達式看起來也非常簡單，其中的 G 是萬有引力常數，c 為光速，M為天體的總質量。因此，史瓦西半徑r_s只簡單地與星體質量M成正比。也就是說，對每一個質量為M的星體，都有一個史瓦西半徑與其相對應。

從理論上而言，史瓦西解所對應的幾何並不限於黑洞，還可用以描述任何球狀星體以外的時空。但對一般的天體來說，天體本身的尺寸就比史瓦西半徑大得多，「史瓦西半徑」深深地藏在星體的內部，星體的大部分質量分布在史瓦西半徑以外，而在外部時空中，沒有任何特別的幾何可言，這個概念便失去了意義。但是，如果將這個天體的全部質量M都「塞進」它的史瓦西半徑以內的話，那就會發生許多奇特有趣的現象了。誰來將物質「塞進」星體內部呢？就是引力！大質量恆星因引力而塌縮的過程，也就是使得所有質量被塞到越來越小的範圍內的過程，當這個範圍比該質量所對應的史瓦西半徑還要小的時候，這個天體便成了一個黑洞！

圖 17-2（b）描述了史瓦西黑洞。事實上，對史瓦西解來說，有兩個r的數值比較特別，一個是剛才所說的史瓦西半徑（$r = r_s$），另一個是天體中心原點（$r = 0$）。這兩個數值都導致史瓦西解中出現無窮大。不過，數學上已經證明，在史瓦西半徑r_s處的無窮大是可以靠坐標變換來消除掉的假無窮大，不算是奇點，只有$r = 0$處所對應的，才是引力場方程式解的一個真正的「奇點」。

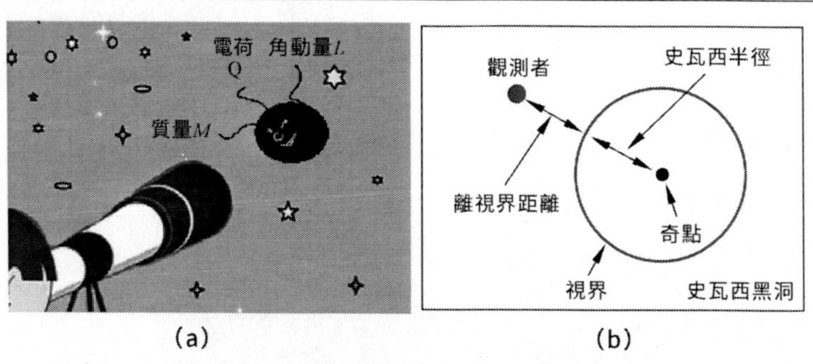

圖 17-2　廣義相對論預言的經典黑洞
（a）黑洞無毛；（b）史瓦西黑洞

史瓦西半徑處雖然不算奇點，但它的奇怪之處卻毫不遜色於奇點。首先，當r從大於史瓦西半徑變成小於史瓦西半徑時，時間部分和空間部分的符號發生了改變。這是什麼意思呢？數字上來說，好像是時間t變成了空間r，空間r變成了時間t，這對我們習慣使用經典時間、空間觀念的腦袋而言，在物理上是無法理解的。也許我們可以暫時不用去做過多的

「理解」，只記住一句話：「史瓦西半徑以內，時間和空間失去了原有的意義。」我們暫時也許沒有必要對史瓦西半徑以內的情況作更多的想像，因為我們去不了那裡，根本不知道在那裡發生了什麼。且現在看起來，我們永遠也不可能真正切身用實驗來檢驗那裡時空的奇異性。那是一個界限，是等同於許多年之前拉普拉斯稱之為光也無法逃脫的「暗星」的界限。當初的牛頓力學只能預測說，如果質量集中在如此小的一個界限以內，光線也無法逃逸，外界便無法看到這顆「暗星」。而根據廣義相對論，除了無法逃逸之外，還帶給我們許多有關時間、空間的困惑。不過，無論人類是否到得黑洞的視界之內，科學家們的思想卻免不了總在那裡徘徊。因為這些困惑的解決，有可能帶給我們對時間和空間更深刻的認識，從而促成物理學的新革命，促成引力理論和量子理論的統一。

也可以這麼說，史瓦西半徑將時空分成了兩部分：離球心距離 r 大於史瓦西半徑的部分，和小於史瓦西半徑的部分。在遠離任何天體（包括黑洞）史瓦西半徑的地方，引力場很小，時空近於平坦。而在史瓦西半徑附近和內部，時空遠離平坦，彎曲程度急遽增大，任何越過了史瓦西半徑的物體，都再也不能返回到外界空間，只有被吞噬的命運，最後到達 $r = 0$ 所標誌的真正時空奇點而消失不見。

史瓦西黑洞有奇怪而又貌似非常簡單的性質，簡單到就是一個半徑和被該半徑包圍著的一個奇點（圖 17-2（b））。因為在這個半徑以內，外界無法得知其中的任何細節，我們將其稱之為「視界」。視界就是「地平線」的意思，當夜幕降臨，太陽落到地平線之下，太陽依然存在，只是我們看不見它而已。類似地，當星體塌縮到史瓦西半徑以內成為黑洞時，所有的物質都掉入了視界之內，物質也應該依然存在，但我們看不見。

從引力場方程式得到的解是四維時間、空間的「度規」，因此，史瓦西解也被稱為史瓦西度規。引力場方程式的精確解不僅僅只有史瓦西解一個。因此，基本黑洞的種類也不僅僅只有史瓦西黑洞。

如果所考慮的星體有一個旋轉軸，星體具有旋轉角動量，這時候得到的引力場方程式的解叫克爾度規。克爾度規比史瓦西度規稍微複雜一點，有內視界和外視界兩個視界，奇點也從一個孤立點變成了一個環。

比克爾度規再複雜一點的引力場方程式解，稱為克爾—紐曼度規，是當星體除了旋轉之外，還具有電荷時，而得到的時空度規。對應於這幾種不同的度規，也就有了四種不同的黑洞：無電荷不旋轉的史瓦西黑洞；帶電荷不旋轉的紐曼黑洞；旋轉但無電荷的克爾黑洞；既旋轉又帶電的克爾—紐曼黑洞。

加上具有電荷和旋轉性質的黑洞仍然可以被簡單地描述，物理學家惠勒為此提出了一個「黑洞無毛定理」，也就是說，無論什麼樣的天體，一旦塌縮成為黑洞，它就只剩下電荷、質量和角動量三個最基本的性質。質量 M 產生黑洞的視界；角動量 L 是旋轉黑洞的特徵，在其周圍空間產生渦旋；電荷 Q 在黑洞周圍發射出電力線，這三個物理守恆量唯一地確定了黑洞的性質。因此，也有人將此定理戲稱為「黑洞三毛定理」，見圖 17-2（a）。

物理規律用數學模型來描述時，往往使用盡量少的參數來簡化它。但這裡的「黑洞三毛」有所不同。「三毛」並不是對黑洞性質的近似和簡化，而是經典黑洞只有這唯一的三個性質。原來星體的各種形態（立方體、錐體、柱體）、大小、磁場分布、物質構成的種類等，都在引力塌縮的過程中丟失了。對黑洞視界之外的觀察者而言，只能看到這三個（M、 L、 Q）物理性質。

黑洞真的「無毛」嗎，或者說只有區區「三根毛」？這是從黑洞的經典物理理論（廣義相對論）得到的結論，如果考慮量子和熱力學，就不是那麼簡單了！不過我們暫且打住，且聽下回分解。

第 18 節
資訊悖論難解決　霍金軟毛論輻射

1. 黑洞熱力學

1970 年代初，美國普林斯頓大學，惠勒教授和他的一位博士研究生正在悠然自得地喝下午茶。惠勒突發奇想，問學生：「如果你倒一杯熱茶到黑洞中，會如何？」惠勒的意思是說，熱茶既有熱量又有熵，但據說一切物質被黑洞吞下後，就消失不見了。那麼，第一個問題是：熱茶包含的能量到哪裡去了呢？第二個問題則與熱力學有關，將熱茶與黑洞一起構成一個系統，茶水倒進黑洞之後，整體的「熵值」似乎不是增加而是減少了，這不是有悖熱力學第二定律嗎？

當時愛因斯坦已經去世 17 年，國際上的許多物理學家並不看好對引力理論的深入研究，而是已經將熱點轉向基本粒子還原論的角逐競賽中。世界上仍然在研究廣義相對論的「遺老、遺少」有三個小組：莫斯科的澤爾多維奇和英國的夏默（Dennis W. Sciama，是如今鼎鼎有名的霍金的老師），以及上文中談及的美國普林斯頓大學的惠勒。普林斯頓大學畢竟是愛因斯坦工作、生活過 20 幾年的地方，廣義相對論在那裡影響很大。愛因斯坦去世後，惠勒教授成為引力理論研究的帶頭者，那個和惠勒在一起喝茶的年輕學生，就是後來提出黑洞熵、成為黑洞熱力學奠基者之一的以色列裔美國物理學家雅各布．貝肯斯坦（Jacob Bekenstein，1947 ～ 2015）。

指導教授提出的問題，令年輕學子日夜苦思，也激發了他無比的想像力。第一個有關能量守恆的問題比較容易回答。根據愛因斯坦狹義相對論導出的質能關係式：$E = mc^2$，能量和質量是物質同一個屬性的兩個方面，或者也可以簡單地說成是質能可以互相轉換。當熱茶倒進黑洞之後，它包括的質量（m）及熱量都加到了黑洞原來的質量（M）上，使得黑洞質量 M 增加了那麼一點點，成為（$M + m$），因此，系統的總能量（質量）是守恆的。

第二個問題有關「熵」的概念。熵是什麼呢？熵在物理學中有其嚴格的定義，但通俗地說，是表示系統中混亂（無序）的程度。一個孤立系統的熵只增加不減少，系統總是自發走向更為混亂的狀態，比如說：一滴藍墨水滴到一杯水中，很快便會自發地均勻擴散混合到各處，因為均勻混合後的淡藍色「渾」水，比藍墨水孤立集中成「一滴」的狀態具有更大的熵，這個過程絕不會自動地逆反過來，杯子中已經分散各處的藍墨水分子，絕不會自動集合到一起，重新成為「一滴」藍墨水。這就是熱力學第二定律，也叫「熵增原理」。俗話常說「覆水難收」就是這個道理。也可以說，熵是系統內部複雜性的量度，或者說，是系統內部隱藏的訊息的量度。物體內部越複雜，包括的訊息越多，熵就越大。

現在，我們回到熱茶和黑洞的情形。一杯熱茶中有大量的分子，做複雜而快速的熱運動，上下、前後、左右，速度有快有慢；時而分離，時而靠近，互相碰撞。熱茶的熵，便是這些微觀分子運動複雜性的量度。然而，熱茶倒入黑洞後，這些分子運動的複雜訊息都到哪裡去了呢？黑洞被描述得如此簡單，經典黑洞無毛，看起來似乎無熵可言！因為任何天體一旦塌縮成為黑洞，原本的訊息都丟失了，無論原來是圓的、扁的、方的，是錐形還是環形，內部有多少中子、電子、光子，或夸克。這些複雜的情況，黑洞似乎都沒有「記憶」，它只記得 3 個數值：質量、角速度、電荷。被黑洞吸入的物體包含的訊息，似乎也丟失了。

但這點結論似乎與「熵增原理」相違背。

貝肯斯坦認為，為了保存熱力學第二定律（即熵增原理），黑洞一定要有「熵」！

黑洞的熵藏在哪裡呢？貝肯斯坦注意到 1972 年史蒂芬·霍金（Stephen William Hawking）的一篇文章。霍金證明了黑洞視界的表面積永遠不會減少。比如說，如果兩個黑洞碰撞結合成一個新的黑洞，那麼，新黑洞的視界表面積，一定大於或等於兩個黑洞視界表面積之和。這個定律太像熱力學的熵增原理了！貝肯斯坦由此產生了一個大膽的假設：黑洞的熵正比於視界表面積[14]。

因為熵是複雜性的度量，那麼貝肯斯坦的假設也就意味著，視界表面積的大小可以量度黑洞的複雜程度，也許黑洞的複雜訊息就留在視界面上？換言之，黑洞可能並不是一個「健忘者」，它將吞進去的物體複雜訊息全部都寫在視界的表面上，見圖 18-1（b）。

這在當時被認為是一個極其瘋狂的想法，遭到所有黑洞專家的反對，唯一支持貝肯斯坦瘋狂想法的黑洞專家是他的指導教師惠勒。惠勒似乎總是支持任何瘋狂的想法。比如當年惠勒的另一位學生：休·艾弗雷特（Hugh Everett Ⅲ，1930 ～ 1982），也是在惠勒的支持下，因提

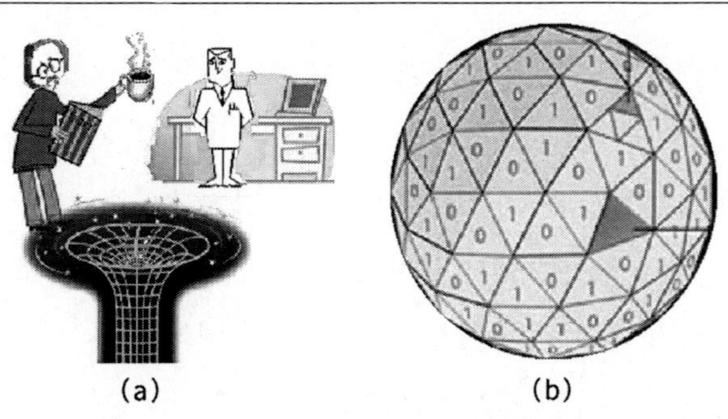

圖 18-1　黑洞的訊息分布在視界的表面上

出量子力學的多世界詮釋而著名。惠勒自己就有過許多瘋狂的念頭，他最著名的學生費曼（Richard Phillips Feynman，1918 ～ 1988）曾經這樣說：「有人說惠勒晚年陷入了瘋狂，其實惠勒一直都瘋狂。」

2. 霍金輻射

於是，貝肯斯坦在老師的支持下建立了黑洞熵的概念。然而隨之又帶來一個新問題：熱力學中的熵，是一個系統平衡狀態的態函數。平衡態是由溫度來表徵的，如果黑洞具有熵，那它也應該具有與熵值相對應的溫度。再接下來，如果黑洞有溫度，根據物理學中黑體輻射的規律，即使這個溫度再低，也可能會產生熱輻射。其實這是一個很自然的邏輯推論，但好像與事實不符。不是說任何物質都無法逃逸黑洞嗎？怎麼又可能會有輻射呢？但當時的貝肯斯坦畢竟思想還「瘋狂」得不夠，他並沒有認真去探索黑洞有無輻射的問題，而只是死死咬住「黑洞熵」的概念不放。

還是霍金的腦袋轉得快，他提出了黑洞輻射。但其實，最早意識到黑洞會產生輻射的人並不是霍金，而是莫斯科的澤爾多維奇。霍金最初並不同意貝肯斯坦的觀點，正是從與貝肯斯坦的戰鬥中，以及澤爾多維奇等人的工作中汲取了營養，得到啟發，意識到這是一個將廣義相對論與量子理論融合在一起的良好開端。於是，霍金進行了一系列的計算，最後承認了貝肯斯坦「表面積即熵」的觀念，提出了著名的霍金輻射[15]。

霍金與貝肯斯坦一起得到了黑洞溫度的表達式。然後，根據黑體輻射的基本原理，自然便得到與此溫度相對應的黑體輻射譜。由此出發，霍金提出了黑洞也會輻射的概念。當然，黑洞輻射不是一句話或一個簡單公式就能了事的，得先說明輻射的物理機制。根據霍金的解釋和計算，黑洞輻射產生的物理機制是黑洞視界周圍時空中的真空量子漲落。

在黑洞事件邊界附近，量子漲落效應必然會產生出許多虛粒子對。虛粒子對是量子場論中引進的一種數學描述。可以被想成只是「暫時的」出現在計算中，而不是真正能夠被偵測到的粒子。由於並非「實」粒子，虛粒子的能量可以為負值。這些粒子、反粒子對的命運有 3 種情形：一對粒子都掉入黑洞；一對粒子都飛離視界，最後相互湮滅；第三種情形是最有趣的：一對正反粒子中攜帶負能量的那一個掉進黑洞，再也出不來，而另一個（攜帶正能量的）則飛離黑洞到遠處，成為「實粒子」，形成了霍金輻射，見圖 18-2。

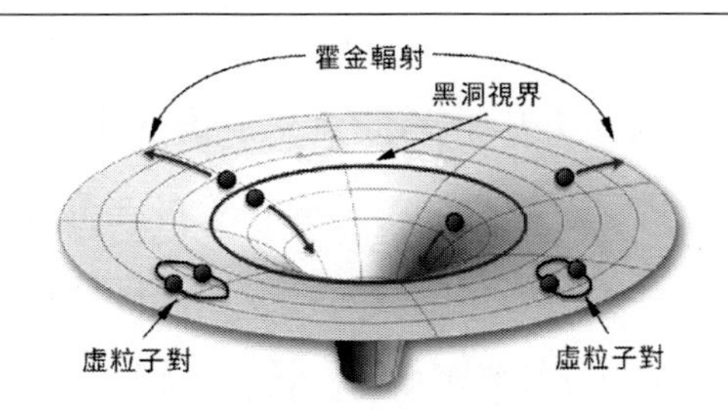

圖 18-2　霍金輻射

如此一來，黑洞在物理學家們眼中的形態發生了變化。黑洞不再無毛，原來只見稀疏的幾根毛，是在遠處「觀察」的經典黑洞。而現在舉著放大鏡仔細看，結果就不一樣了：黑洞熵的存在，似乎讓視界表面密密麻麻「印」滿了訊息；霍金輻射使黑洞不黑，至少不是「全黑」，而是長滿了無數多的「輻射毛」。

如今，天文學家們在宇宙中已經觀測到很多黑洞的候選天體，是否有證據證實霍金輻射真實存在呢？答案是：迄今為止還沒有。這是因為黑洞雖然有輻射，但強度卻微乎其微。從計算黑洞溫度的公式可知，黑洞的溫度與黑洞質量 M 成反比，對一般情況下的黑洞，計算出來的溫度值非常低，大大低於宇宙中微波背景輻射所對應的溫度值（2.75K），因此不太可能在宇宙太空中觀測到霍金輻射。不過，從宇宙學的角度來看，黑洞基本上分為三類：恆星黑洞（由大於 3 倍太陽質量的恆星經由引力塌縮而成）；超大黑洞（位於星系中心，質量可以是太陽質量的上百或上億倍）；以及，還可能存在一種微型黑洞，又稱量子黑洞，質量小到可與月球質量相比，或者更小。在這個標準上，量子力學效應將扮演重要角色。這種黑洞有可能是在宇宙大爆炸初期產生的原生黑洞，也許在不遠的未來，將被天文學家捕捉到，那時候有可能以此驗證霍金輻射。

3. 黑洞資訊悖論

理論越複雜，帶來的問題越多。儘管霍金輻射目前仍舊屬於理論研究的階段，但已經使霍金及黑洞物理學家們傷透腦筋，霍金也多次更改他對黑洞的看法，將黑洞視界上的「毛髮」性質進行各式各樣的改變。

霍金輻射導致的最典型問題，是所謂「黑洞資訊悖論」。

如前所述，貝肯斯坦提出黑洞熵的概念，認為黑洞將它的訊息都保存記錄在它的視界表面上，就像一張二維全像圖可以保存三維影像一樣，視界表面就是黑洞訊息的全像圖。黑洞是由星體塌縮而形成，形成後能將周圍的一切物體全部吸引進去，因而黑洞中包括了原來星體大量的訊息。然而，現在有了霍金輻射，輻射粒子在視界附近隨機產生，逃離黑洞引力，並帶走一部分質量，這樣便會造成黑洞質量的損失。黑洞質量會越來越小，逐漸收縮並最終「蒸發」而消失。因為霍金輻射粒子是因真空漲落而隨機產生的，不可能帶走與黑洞有關的任何訊息，這種沒有任何訊息的輻射，最後卻導致了黑洞的蒸發消失，那麼，當黑洞蒸發消失之後，原來「記憶」在視界面上的訊息也全部消失了，這個結果與量子理論相違背，量子理論認為訊息不會莫名其妙地丟失。這就造成了黑洞資訊悖論。

此外，形成「霍金輻射」的一對粒子是互相糾纏的。處於量子糾纏態的兩個粒子，無論相隔多遠，都會相互糾纏。即使現在一個粒子穿過了黑洞的事件視界，另一個飛向天邊，似乎也沒有理由改變它們的糾纏狀態，這點也困惑著理論物理學家們。

圖 18-3（a）所示黑洞的左邊代表「無毛」的經典黑洞。如果考慮黑洞的熱力學性質，便相當於認可黑洞有一定的內部微觀結構，如圖 18-3（a）右半邊所示。能量在這種結構中的分配方式構成了黑洞熵，熵值的大小正比於黑洞視界的表面積。圖 18-3（b）表示黑洞訊息丟失與量子力學理論的矛盾。

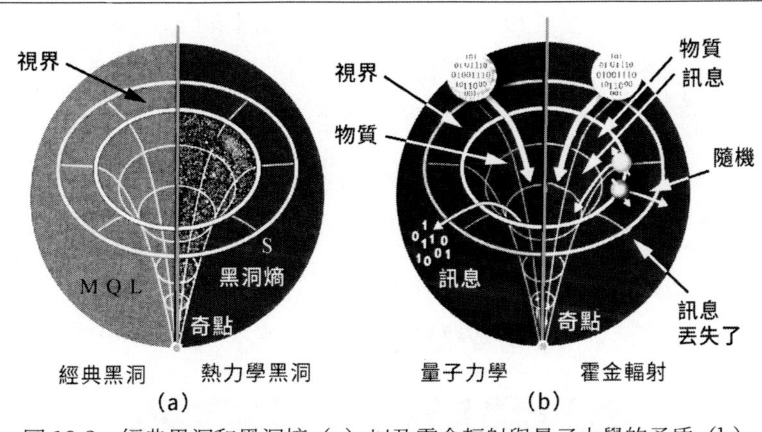

圖 18-3　經典黑洞和黑洞熵（a）以及霍金輻射與量子力學的矛盾（b）

資訊悖論的爭論和探討不斷，似乎在黑洞專家們之間發起了一場「戰爭」，在美國史丹佛大學教授倫納德．薩斯坎德（Leonard Susskind，1940～）的《黑洞戰爭》（*Black Hole War: My Battle with Stephen Hawking to Make the World Safe for Quantum Mechanics*）一書中，對此有精彩而風趣的敘述 [16]。

霍金相信他的研究結果，只好認為訊息就是「丟失」了。戰爭的另一方則強調量子力學的結論，認為訊息不可能莫名其妙地丟失。黑洞視界猶如一張儲存立體圖像訊息的「全像膠片」，在霍金輻射過程中，所有這些保存在二維球面上的訊息，應該會以某種方式被重新釋放出來。

4. 霍金的軟毛黑洞

縱觀黑洞概念的發展，變化都糾纏於視界的附近。從經典的廣義相對論觀點，黑洞包含了時空的奇點，是理論應用到極致的產物。之後的黑洞熱力學和霍金輻射又涉及量子理論。因此，黑洞提供了一個相對論與量子相結合的最佳研究場所，使理論物理學家們既興奮又頭痛。2015 年雷射干涉引力波天文臺（Laser Interferometer Gravitational-Wave Observatory，LIGO）接收到黑洞合併事件產生的引力波，更讓物理學家們覺得這方面的理論設想有了實驗驗證的可能性。

圖 18-4 列出了從 1916 年廣義相對論預言黑洞開始，到之後的黑洞資訊悖論，對「黑洞視界」的描述所經歷的幾個關鍵年代。21 世紀初，隨著物理學，特別是弦論的發展，越來越多的研究人員認為，掉入黑洞中的訊息會在黑洞消失時逃逸出來，這些討論迫使霍金於 2004 年接受了這種觀點，儘管他仍然不清楚訊息是如何逃逸的。

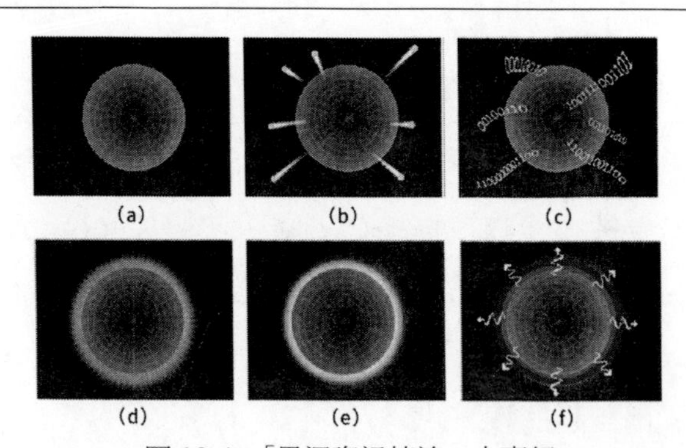

圖 18-4 「黑洞資訊悖論」大事紀

（a）1916 年經典黑洞無毛；（b）1974 年提出霍金輻射；（c）2004 年黑洞發出訊息；（d）2012 年提出火牆視界；（e）2014 年提出表觀視界；（f）2016 年提出軟毛視界

2012 年前後，美國加州大學聖巴巴拉分校的 4 位理論物理學家以約瑟夫．波爾欽斯基（Joseph Polchinski）為首，發表了一篇論文：*Black Holes: Complementarity or Firewalls?*[17]。文中提出了「黑洞火牆」理論。(這裡，Firewall 可以翻譯成防火牆，但在這裡的意思不是「防火」的牆，而是「著火」的牆，故翻譯為「火牆」)。他們認為，在黑洞的視界周圍，存在著一個因霍金輻射而形成能量的巨大火牆。當量子糾纏態的粒子之一，穿過視界掉到這個火牆上的時候，並不是像廣義相對論所預言的，悠悠然什麼也不知道，毫無知覺地穿過視界被拉向奇點，而是立即就被火牆燒成了灰燼。原來的量子糾纏態也在穿過視界的瞬間便會立即被破壞掉。

這篇論文把矛盾集中到黑洞的事件視界上。霍金於 2013 年 8 月在加州聖巴巴拉凱維里理論物理研究所（Kavli Institute for Theoretical Physics）召開的一次會議上發表講話，就此爭論表態，並於 2014 年 1 月 22 日發表一篇文章，提出另一種新的說法，認為事件視界不存在，所以也沒有什麼火牆。霍金代之以一個替代視界，叫做表觀視界（apparent horizon），認為這個所謂的表觀視界才是黑洞真正的邊界。且這個邊界只會暫時性地困住物質和能量，但最終會釋放它們。因此，霍金宣稱黑洞不黑，應該叫做「灰洞」。

在 2016 年 1 月的一篇網路文章中，霍金又有新花樣。他和劍橋大學同事佩里及哈佛大學施特羅明格（Andrew Eben Strominger）的文章後來被發表在《物理評論快報》上 [18]。文中表示，導致資訊悖論問題的原來假設中有一些錯誤。他們的最新文章指出該問題的研究方向，也許能帶來解決悖論的方法。

上述文章認為，在霍金原來對黑洞輻射的解釋中，有兩個隱含的錯誤假設，一是認為黑洞雖然有熵但仍然無毛，再者是認為真空是唯一的。而實際上，量子理論中允許無數個簡併真空。另外，黑洞並非無毛，而是長滿了「軟毛」。

「軟毛」的概念與施特羅明格近幾年的另一個研究有關。原來所謂的黑洞無毛原理中，決定黑洞的 3 個參數，對應於能量（質量）、電荷、角動量。施特羅明格在研究引力子散射時發現，在量子真空中存在無數多個守恆定律，相當於有無數多根毛。不過，這是一些「軟毛」。軟的意思是說，這些毛的能量極低，低到測量不到的範圍。且「軟毛」的理論對電磁波也成立，因此，三人便將其用於黑洞研究中，透過考慮存在黑洞時的電磁現象來解釋資訊悖論，據說得到不錯的結果，稱之為黑洞的「軟毛定理」。

比如說，黑洞附近真空中存在能量極低（幾乎為零）的光子，可稱為「軟」光子。這種「新真空」對應一種新守恆荷，新荷的守恆定律是通常電荷守恆的推廣。在經典的引力與電磁學中，黑洞視界對新守恆荷的貢獻為零。而霍金等三人的文章中研究了黑洞視界對新荷的貢獻，認為這種貢獻不為零，這些軟光子組成了黑洞上的「軟毛」。黑洞可以攜帶的軟毛有無數根。他們還進一步證明，黑洞在輻射時 —— 即一個粒子掉入黑洞，一個粒子飛離黑洞的過程中 —— 會為黑洞增添一個軟光子，或者說，激發視界長出一根軟毛。軟毛上記載著掉入黑洞的粒子訊息，新荷的守恆定律意味著黑洞蒸發時，視界軟毛上有關訊息將被釋放出來。

霍金等三位作者也承認他們並沒有完全解決黑洞資訊悖論，他們研究了「軟」光子，但尚未研究「軟」引力子。此外，這種軟毛是否能夠真正解決訊息丟失問題，也還有待研究者們進一步地跟進。

霍金以研究黑洞而著名，他對黑洞的主要貢獻，是指出黑洞奇點的不可避免性，以及提出霍金輻射。但這都是有關黑洞的理論預言，且輻射非常微弱，迄今為止沒有直接的實驗驗證。霍金等物理學家密切注視著天文中對黑洞的觀測證據。十分有趣的是，霍金喜歡打賭，多次因黑洞有關問題與同行打賭。欲知他賭了些什麼，輸贏如何，且聽下回分解。

第19節
天文觀測尋黑洞　物理學者賭輸贏

作為恆星歸宿的三種天體，白矮星早在1910年就被發現，中子星也在1967年被劍橋大學卡文迪許實驗室的貝爾和休伊史（Antony Hewish）發現。於是，1960～1970年代，天文學家們開始在天空中尋找黑洞。茫茫宇宙中，黑洞在哪裡呢？黑洞不發光、不輻射，便不能被看見，那麼應該如何尋找它們？最後，人們把尋找的目標指向了雙星系統。

雙星系統是太空天體中一個有趣的現象。不僅人類社會中成雙結對，恆星也喜歡找一個「舞伴」，共同牽手在太空中翩翩起舞。據觀察，在銀河系的眾星中，有一半以上的恆星都是雙星。其實從物理學的角度來看，並不難理解。恆星有大有小，兩兩相鄰的可能性很大。如果兩顆星質量差別大，一個便會被另一個俘獲。質量差不多的2顆恆星，便共同圍繞質心轉，形成雙星系統。如果一個黑洞與另一顆星結成雙星，那就好了！我們看不見黑洞，總看得見它亮麗的舞伴吧！這個舞伴的運動會被黑洞所影響，順藤摸瓜，便能找到這個看不見的伴侶訊息，由此又可以進一步判定它是不是一個黑洞。

還不僅如此。觀測雙星系統時，不僅能觀測到更為明亮的那一顆，也能觀察到從另一位「看不見的舞伴」附近輻射出來的某些東西。即使是黑洞，雖然在它的視界之內不會有任何物體逃脫，但在它的視界之外，卻能觀測到輻射現象。

天體的輻射除了可見光之外，還有X射線、伽瑪射線、紅外線、射電波等。但並非所有波段都可以直達地面。比如 X 射線，由於大氣層的阻擋作用，在地面上不容易接收到。自從 V-2 火箭把人帶上了太空，X 射線的探測便逐漸進入到天文學領域。1962 年，美國天文學家里卡爾多．賈科尼（Riccardo Giacconi，1931 ～）利用探空火箭在 X 射線波段進行了全天範圍內的掃描，正式開創了 X 射線天文學。1970 年，賈科尼領導的第一顆 X 射線天文衛星（烏呼魯（Uhuru）衛星，「探險者 42 號」）升空，確定了 339 個新的 X 射線源，包括第一個黑洞候選天體 —— 天鵝座 X-1。賈科尼後來因為其對 X 射線天文學的卓越貢獻，獲得 2002 年諾貝爾物理學獎。如今，太空中發現的 X 射線源天體總數已達 12 萬個。

天鵝座 X-1 便是一個距離太陽大約 6,070 光年的雙星系統，是從地球觀測最強的 X 射線源之一。這個雙星系統為何發出 X 射線？與系統中兩個星體的性質有關。

對緻密 X 射線源天鵝座 X-1 的觀測研究顯示，它是由一個超巨星和另一個質量頗大卻又「不可見伴星」組成的（之後證實這是一個黑洞）。此類雙星系統內有一些有趣的現象。首先，物質不停地從可見的超巨星表面流向它的同伴，像是被一股「風」吹過去似的。這股連綿不斷的「妖風」使超巨星變成「液滴」形狀，見圖 19-1（a）。物質綿綿不斷地從「液滴」的尖端，被輸送到「不可見」的星體，累積和瀰漫在其周圍，形成一個圓盤形狀，也就是天文學家們所說的「吸積盤」。

多次的天文觀測證實，吸積盤（accretion disk）是恆星周圍具有的一種常見結構。由瀰散物質圍繞中心體轉動形成。中心天體可以是年輕的恆星、原恆星、白矮星、中子星、黑洞等。瀰散物質在中心體強大引力的作用下，將落向中心體。但另外，如果這些物質旋轉的角動量夠大，使其在落向天體的某個位置處，離心力與引力相抵消時，便會形成一個相對穩定的盤狀結構，就是「吸積盤」。

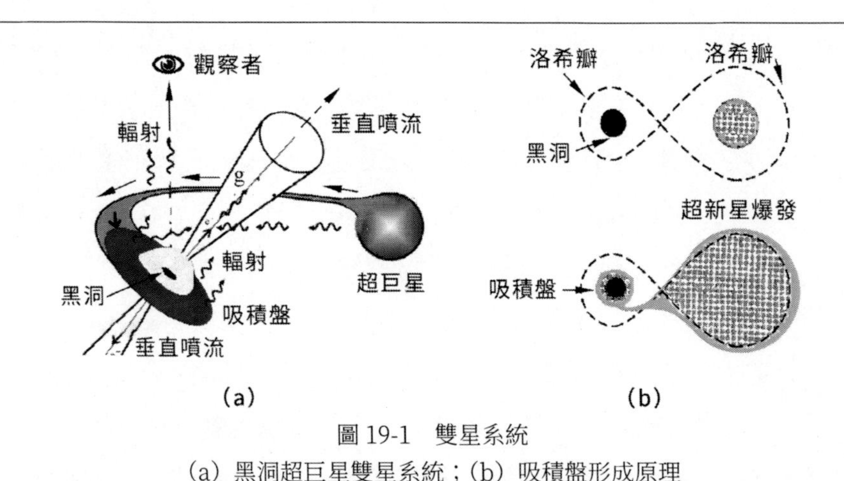

圖 19-1　雙星系統
(a) 黑洞超巨星雙星系統；(b) 吸積盤形成原理

在吸積盤中，物質被引力吸引下落的過程，釋放出大量能量，在臨近中心體的地方，產生垂直於盤面的狹窄漏斗狀噴流，如圖 19-1 (a) 所示。此外，不斷進入中心體的周圍物質所攜帶的引力能得到釋放後，高能電子會摩擦並將吸積盤中的氣體加熱到很高的溫度，導致氣體向外輻射。輻射的主要頻率與中心天體的質量有關。對於年輕恆星，吸積盤輻射多半為紅外線，中子星及黑洞產生的吸積盤輻射則多半為 X 射線。熱輻射的溫度要達到 10^6K 數量級才可以顯著地發出 X 射線。所以，雙星系統中黑洞周圍吸積盤的形成是來自巨星的物質供給。圖 19-1 (b) 解釋了物質為什麼會從一個星體流向另一個星體。在第 16 節中介紹希爾球時曾經提到過的「洛希瓣」在這裡發揮了作用。

洛希瓣是包圍在恆星周圍的一個太空界限，在這個範圍內的物質，因為該天體的引力而被束縛。但如果這個恆星體積膨脹至洛希瓣的範圍外，如圖 19-1 (b) 下圖所示，那麼這些物質將會擺脫恆星引力的束縛。在雙星系統中發生這種情況的話，擺脫巨星引力的物質卻有可能被它看不見的同伴的「黑手」抓去，就像上面所述的天鵝座 X-1 的情況那樣，形成了黑洞的吸積盤。

然而，天文學家又如何確定天鵝座 X-1 雙星中那位看不見的舞伴是黑洞，而不是其他種類的星體呢？這就需要測量該星體的質量。因為從前面所述的歐本海默極限，最後能演化成黑洞的天體質量要大於約 3 倍的太陽質量（圖 17-1（b））。星體質量的測量和估算非常困難，不過隨著天文技術的進步，測量的數值會越來越準確。目前估計的天鵝座 X-1 質量約為太陽質量的 8.7 倍，加之其密度極高，這些數據成為支持它是一個黑洞雙星系統的重要證據。從觀測資料可以估算出天鵝座 X-1 黑洞的事件視界半徑約為 26km。

因此，儘管我們無法直接觀測黑洞，但它對周圍物質強大的引力作用，使我們能間接觀測到黑洞存在的證據。有科學家估計，在銀河系內黑洞的總數應以百萬計，但直到目前能確定為黑洞（或黑洞候選者）的天體卻只有寥寥數 10 個。

除了恆星黑洞外，有確切的觀察證據表明銀河系中心是一個質量為大約 431 萬倍太陽質量的超大質量黑洞。天文學家認為，這種超大質量黑洞在星系中心普遍存在。此外，在宇宙的極早期階段，也會形成質量極小（約 1^{-15}g）的原初黑洞，但目前尚未觀察到。

第一次觀察到天鵝座 X-1 黑洞時，霍金便與基普．索恩（Kip Stephen Thorne）打賭，霍金賭天鵝座 X-1 不是一顆黑洞。如果霍金贏了，索恩給他四年的《偵探》雜誌；反之，霍金給索恩一年的《閣樓》雜誌。實際上當時兩位學者都知道天鵝座有 80%的可能性是黑洞，但這是霍金採取的打賭「保險措施」。因為他無論輸贏都高興，賭贏了可得雜誌，賭輸了證明黑洞存在，說明他的理論正確。後來，觀測證據顯示，這個系統中存在著引力奇點，的確是一個黑洞。霍金承認打賭失敗，幫索恩訂了一年雜誌，還大張旗鼓地在當年的文件上蓋手印「認輸」。但他打從心裡高興，因為這是黑洞物理理論的第一個觀測證據。

第四章
航太漫談

「人生不相見，動如參與商。」

——唐・杜甫

第 20 節
氣態木星朱比特　巨大神祕行星王

NASA 的「朱諾號」飛船在長達 5 年的旅行後，於 2016 年 7 月 4 日晚間 11 時 53 分，成功地進入環繞木星軌道。開始它長達 20 個月的觀測任務。木星不像地球有固態的表面，是一個氣態行星。這樣一個人類到了上面站也站不住的「氣體」星球，表面溫度極低，大氣中也沒有「氧」，顯然不可能存在智慧生命，但科學家們卻對它十分感興趣，三番五次地派出使者，究竟是為什麼呢？

1. 太陽系中的巨無霸

木星是太陽系中最大的行星，體積大到可以容納 1,300 個地球，的確堪稱太陽系中的巨無霸。雖然「霸王」的體積是地球的 1,300 多倍，但質量卻只有地球的 300 倍。因為它不如地球那麼堅固緻密，屬於氣態巨星。不過，它的質量仍然超過了太陽系中其他行星質量總和的 2.5 倍 [19]。

儘管在望遠鏡發明之前，人類應該並不確切地了解木星有多大，但古人的直覺驚人，在許多文化中，都不約而同地將木星捧為眾行星之王。西方以古羅馬神話中的眾神之王「朱比特」（Jupiter）來命名它，也就相當於古希臘神話中統領宇宙的天神宙斯。

中國古代將木星稱為「歲星」，因為它繞太陽運行一周的時間為 12 年，與中國古代紀年曆法中的地支相同，也正好是民間使用的生肖輪迴週期。中國古人還認為地球上農業的豐收興旺或饑荒災害等，均與木星運轉週期（12 年）有關，他們將歲星視為主管農業的星官，地位極高，所在之處將五穀豐登，因此建造專門的廟宇來供奉歲星。所以，在中國古人的眼中，木星有規律的運行，記錄和主宰天干地支、生命輪轉，象徵著農業興衰。

從伽利略開始，400 年來，人類從未間斷過對木星的探索，尤其是現今進入了太空探險時代，已經有多個太空船飛掠過木星附近，帶給科學家們有關木星的許多第一手寶貴資料。但這顆巨星仍然謎團多多，它有許多特別之處吸引著天文學家們。

就觀測效應而言，木星表面看起來有紅、褐、白等五彩繽紛的條紋，類似木紋，難怪祖先稱此星為「木星」。有時又讓人感覺木星表面的紋路類似大理石。最奇怪的是，「紋路」中還夾著一塊令人印象深刻的大紅斑。這是一個巨大的氣體漩渦，它的大小和顏色也經常發生變化。

木星的第一特點當然是「大」，大到只比太陽小一個數量級；比起地球來，則是大一個數量級，見圖 20-1 中的左圖。木星大到你可以說不是它在繞著太陽轉，而是它和太陽一起繞著它們兩者的「質心（質量中心）」轉動。如果簡單地考慮二體運動模型，在地球的情形，因為太陽比地球大太多，它們的質心基本上與太陽中心重合，因此，地球是「真正」繞著太陽轉（圖 20-1 的中圖）。而木星和太陽的質量中心，已經偏離到

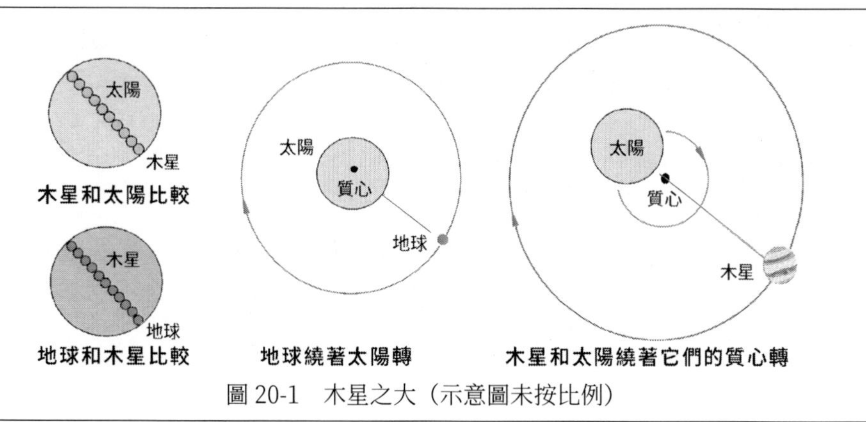

圖 20-1　木星之大（示意圖未按比例）

太陽表面上，所以結果是木星和太陽都繞著質心轉，木星轉大圈，太陽轉小圈，如圖 20-1 的右圖所示。

木星除了公轉外，也自轉。木星的自轉速度也破紀錄，是太陽系所有行星中最快的，對其軸完成一次旋轉的時間少於 10 小時。

不妨作一個有趣的設想：假設你掉到木星上，接下來會發生什麼事呢？毫無疑問，你即使不死，也會被折騰，或者說叫「生不如死」。首先，木星的大氣中沒有「氧」（這也是木星的未解奧祕之一），不過，我們可以假設你攜帶了足夠的氧氣。其次，你將經歷巨大的、時速上百公里的超級風暴和致命輻射（後面將介紹），不過我們也可以假設你的太空服夠先進，能幫你抵擋輻射。然後，如果我們考慮木星的巨大質量和體積，它表面的重力加速度是地球加速度的 2.5 倍。那麼，這將使你在掉落的過程中非常難受。除了難受之外，因為你以極高的速度穿過木星的大氣，你可能會像地球上常見到的「流星」一樣，被燃燒殆盡。

假如你歷經了以上的磨難，還僥倖活了下來，且到達木星所謂的「表面」，你也無法站立，因為木星的表面只不過是一個從氣態過渡到液態的氫、氦混合「海洋」！你在這海洋中不斷下沉，在這個過程中你將會看到什麼？感受如何？沉到何時為止？那就得由木星這類氣態巨行星的內部結構和成分來決定了。遺憾的是，科學家們對這些問題的答案仍然知之甚少，只能大概作一個粗略描述。

2. 氣態巨行星引人關注

如果將木星像切西瓜一樣剖開，內部應該是逐層過渡的結構，壓力不斷增加，溫度不斷升高，如圖 20-2 所示。因為壓力升高，氣態的氫（氦）將變成液態，液態氫再變成金屬氫。在木星表面的大氣頂層，溫度只有攝氏零下幾百度，但到了液態氫那一層，溫度可達 8,000°C，高於太陽表面的溫度，高溫高壓狀態下的液態氫看起來像滾燙的岩漿，洶湧澎湃。

木星的組成及其內部結構，是發射「朱諾號」這類木星探測器的科學家們想要探測的祕密之一。木星表面由液態氫及氦組成，內部成分只能靠猜測。像木星這種巨行星，一般被假設為有一個岩質的核心，與地球核心類似，高壓高溫。但地球的核心是由熔融的鐵和鎳構成，木星核心的成分應該主要是金屬氫，溫度和壓力都比地心高得多。核心的溫度攝氏幾萬度，壓力達幾億個標準大氣壓，外圍和核心含有大量的金屬氫（圖 20-2）。金屬氫是氫氣被充分壓縮後的產物，將表現出金屬的特性，但在地球上（實驗室裡）難以得到這麼高的壓力，因此金屬氫一直未被實際觀察到，這是實驗物理學的遺憾。此外，木星的強大磁場可能就由金屬氫中的電流產生。科學家們希望能在對木星探索的過程中，得到一些相關訊息。

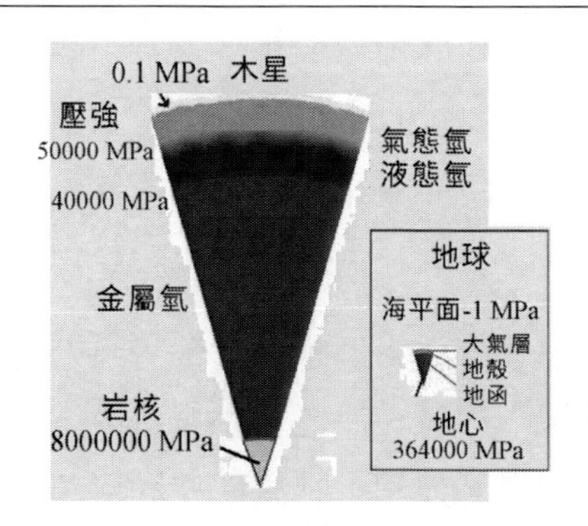

圖 20-2　木星的內部結構

氣態行星引人關注，與近 20 年來天文觀測中發現的太陽系外繞其他恆星轉的行星（系外行星）有關。在已發現的幾百顆系外行星中，絕大多數都是距離恆星較近的高溫氣態巨行星，與木星頗為類似。因此，對木星的研究將加深我們對系外行星的認識，了解木星的形成過程將為了解其他行星的形成提供重要的線索。

比如說，氧是宇宙中僅次於氫和氦的第三大元素，但是比起太陽而言，木星的元素成分中，重元素（氮、碳等）含量比太陽高得多，唯獨氧元素比較稀少、短缺，氧到哪裡去了？是否與氫原子結合成為水？那麼，木星上，水占有多少比例？有人認為木星中的氧元素含量或水的含量，不僅能解釋木星大氣的諸多特殊現象，且很可能隱藏著木星以及原太陽星雲的祕密。探索這些未解之謎，有助於了解太陽系以及各個行星（包括地球）的形成和演化過程。

3. 磁場和極光

身為太陽系中的老大，木星擁有非常強大的磁場。木星的磁層結構是人眼看不見的「巨無霸」勢力範圍。木星的表面磁場是地球磁場的 50 ～ 100 倍，整個磁矩是地球磁矩的 18,000 倍（圖 20-3（b））。強大的磁場與太陽風相抗衡，使得木星周圍形成強大的輻射帶，木星輻射帶的強度是地球輻射帶的數千倍，見圖 20-3（a）。「先鋒 10 號」太空探測器在 1973 年直接測量到木星的磁場。木星的磁層中強大的電流在極區形成美麗的極光，看起來和地球上的極光類似，但地球極光是難得出現的天象，只有當太陽活動異常時才會出現。木星的極光雖然也會變化，但卻是「永駐」在極區的。雖然木星極光絢麗多彩，卻不宜近處觀賞，因為木星的磁層有捕獲粒子並使粒子加速的作用，在周圍空間形成的強大輻射帶，會危害探測器的電子設備及人類健康。木星強大磁場的來源、輻射帶的特點，以及神祕的極光現象，都有待揭祕。

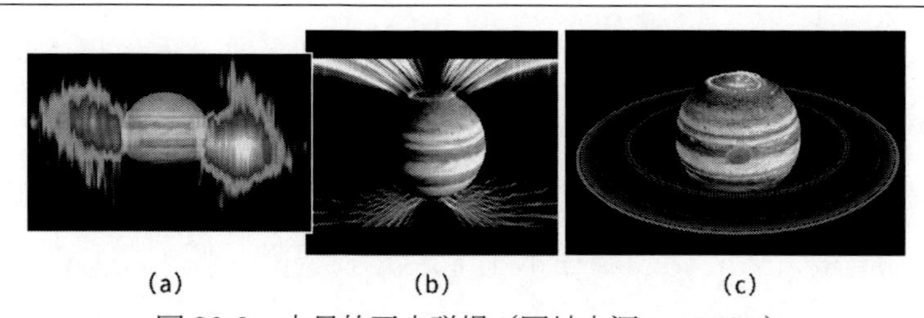

圖 20-3　木星的巨大磁場（圖片來源：NASA）
(a) 木星的輻射帶；(b) 木星的磁場；(c) 極光、木星環

太陽系的八大行星中，土星的光環最令人著迷。實際上木星、天王星、海王星都有光環，稱之為「行星環」，是氣態星球的特徵。不過，木星的光環昏暗、不起眼，在地球上很難觀測到木星環。1979 年，借助於「航海家號」探測器，天文學家才首次發現了木星環（圖 20-3（c））。木星環的成分是什麼？它為什麼不能像土星環一樣保持對稱的形狀？這些未解之謎，令科學家們困惑了若干年。

4. 木星的衛星

伽利略（Galileo，1564 ～ 1642）對天文學的貢獻無人能比，他是改進製作望遠鏡，並用它指向天空的第一人。1609 年，荷蘭光學專家漢斯．李普希（Hans Lipperhey）將兩個凹凸鏡片放在一起製成了望遠鏡，伽利略知道後立刻動手改良，造出一具放大 20 倍的望遠鏡。伽利略當時身為數學家，原本想用望遠鏡來觀測天象以求證數學之美，沒想到小小的鏡頭為他展開的是一片全新的視野。他看到了月亮表面的陰影，表明月面凹凸不平；他看到了銀河由許多星星組成，表明地球以外的宇宙之大；他發現金星滿盈現象，與托勒密地心說不符合……這些使伽利略激動不已的新發現，不被當時權威的宗教統治者所接受，且實際上為被視為異端的哥白尼日心說間接提供了證據 [20]。

科學家在新發現面前總是欲罷不能，伽利略在好奇心驅使下繼續觀察。1610 年 1 月 7 日，他將望遠鏡對準了木星。他發現木星總是被三顆星伴隨著。伽利略一開始以為這是與木星不相干的另外三顆恆星：「我在今晚觀察木星，我看見木星旁邊有三顆恆星，它們非常小，肉眼根本看不見……」。幾天後，伽利略在木星旁邊又發現另一顆，總共四個光點，像四顆乒乓球一樣陪伴在木星身邊。接連好多天的觀察事實，讓伽利略理解到，那四顆星不是恆星，它們除了一直隨著木星運動之外，還圍繞著木星轉動，所以和月亮繞地球轉一樣，它們應該是木星的衛星！

因此，這個結論間接說明地球不是宇宙的中心，因為除了地球之外，起碼還有那四顆星是繞著另外一個中心 —— 木星旋轉的！

聰明的伽利略利用他的新發現來籠絡當時弗羅倫斯最大的貴族 —— 麥迪遜家族，他將新發現的這四顆木星衛星命名為「麥迪遜星群」，因為正好麥迪遜家族有四個兒子。麥迪遜家族也因此安排伽利略成為比薩大學的教授，且不用教書和盡公職，只要專心做研究，這使當時的伽利略聲譽滿歐洲，人們似乎忘記了（或者說是視而不見）這些新發現對「哥白尼日心說」的支持。每個貴族，包括法國王室在內，都想請伽利略找到什麼新的星星，好以他們的家族姓氏來命名。

不過，後來的天文界雖然承認伽利略發現了木星的這 4 個最大的衛星，卻不接受他提議的貴族命名，而是將它們稱為「伽利略衛星」。四個衛星的名字分別為：埃歐（Io）、歐羅巴（Europa）、甘尼米德（Ganymede）、卡利斯多（Callisto），取的都是希臘神話中宙斯情人的名字。之後人們又不停地發現了木星的多個衛星。據當前的資料，木星衛星數目是太陽系行星中最多的，地球只有一個月亮，而目前發現的木星衛星已有 67 個。有趣的是，據說人們繼續用宙斯情人（或傾慕者）的名字，或這些人的女兒（女兒的女兒）名字來命名它們。不過筆者認為，對如此眾多伴侶的星王，還是以數字排隊比較科學。比如說，四顆伽利略衛星被簡單地稱為木衛一、木衛二、木衛三、木衛四。

木星衛星中只有 8 顆屬於軌道近圓形形體較規則的衛星，包括四顆最大的伽利略衛星，以及其餘四顆體積更小、但更靠近木星的衛星。這四顆小規則衛星（木衛十六、木衛十五、木衛十四、木衛五），被認為是薄薄的木星環塵埃的主要來源，見圖 20-4 左邊木星環的結構剖視圖。

圖 20-4　木星的 8 顆規則衛星

四顆伽利略衛星的直徑均超過 3,000km，其大小都可與月球相比較，最大的木衛三比水星還大。不過，木星的其餘 63 個衛星就都是嬌小玲瓏的「矮個子」了，直徑都低於 250km，有的還不到 1km。木衛一是個很特別的衛星，離木星最近，巨大的潮汐力導致其內部地質活動非常活躍，有好幾個正在頻頻爆發的活火山；木衛二（三、四）近年來也備受關注，因為這幾顆衛星的冰層下面是海洋，很有可能有生命存在。

木星擁有如此眾多的衛星「伴侶」，使它看起來很像一個小太陽系。木星及其衛星系統的形成和演化過程仍然是個謎。事實上，根據早期探測器的探測結果，木星核心的溫度很高；木星具有很強的輻射，輻射的總能量是從太陽得到的能量的數倍到數 10 倍。因此，有些學者認為木星是一個未曾「發育成形」的恆星，只是因為當初質量太小，不足以維持融合反應而「修煉」成恆星。不妨想像一下，假設木星當初在演化的過程中，俘獲足夠的質量（需要現有質量的幾 10 倍），成為一顆貨真價實的恆星的話，我們地球的天空便將擁有兩個太陽！

木星磁場看來是來自於內部「發電機」，但它是如何工作的？仍然一直是個謎。縱觀地球的演化歷史，地磁場南北極曾經數次翻轉，翻轉週期很長，30 萬年左右才翻轉一次，太陽的磁極則 11 年便發生翻轉。那麼，木星的磁場是不是也翻轉呢？週期是多少？這些問題的答案只有當對木星極區的情況進行更為細緻的探索研究後方能解答。

與地球類似，木星的磁層也與太陽風有關，但地球磁場更被動，它的形狀和結構更依賴太陽風。木星的磁場則更具主動性，除太陽風外，也取決於木星和它的幾個伽利略衛星磁場之間的互相影響。比如說，木衛一上不間斷的火山活動，為木星注入大量的等離子流，見圖20-5(a)。

因為木星與地球磁層形成機制不同，造成它們的極光現象也有所不同。地球極光是由太陽風中的高能粒子擾動地球磁場所產生的，而木星極光還可以產生於自身的強大磁場，以及來自木衛一噴出的大量帶電粒子流。木星極區周圍的帶電粒子儲備太豐富了，引發極光的源頭很多，光電效應接連不斷地發生，因而造成木星極區「極光常駐」的現象。此外，木星的大紅斑本身就很有可能是一個巨大的熱源，因為科學家們發現，木星南半球大紅斑附近的溫度，要比其他地區高很多，見圖 20-5（b）。

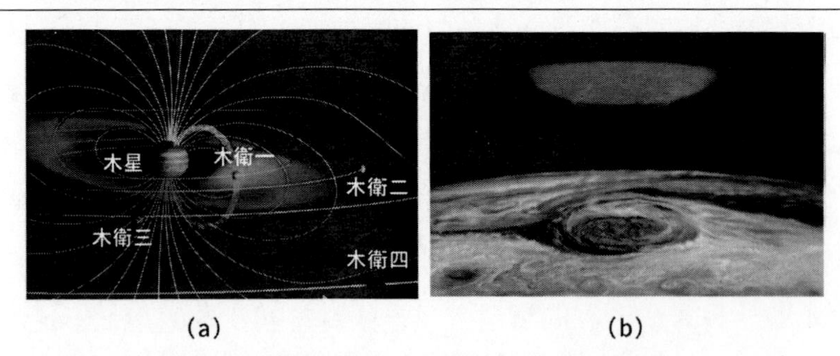

圖 20-5　木衛一的等離子流及大紅斑的熱流（圖片來源： NASA）
（a）木星的磁場和木衛一的等離子圈；（b）大紅斑可能相當於一個熱源

總而言之，木星的種種獨特之處，可能隱藏著它內部的許多祕密。因此，人類派出最新的木星探測器「朱諾號」，準備親臨現場一探究竟。「朱諾」是何方神聖？有哪些特點？且聽下回分解。

第21節
欲為夫君揭面紗　全靠「朱諾」布羅網

羅馬神話中的朱比特雖然情人和崇拜者眾多，妻子卻只有朱諾一個。傳說朱比特施展法力，在自身的周圍拉起雲彩，而將自己藏身其中，但美麗又智慧的朱諾卻可以看穿雲霧、洞察真相，揭露朱比特的真面目。這也正是地球上天文學家們研究木星的目標和願望。木星被厚厚的雲層包圍，成年累月地颳著可怕的風暴，風暴之下隱藏著什麼？木星的真面目如何？「夫人」朱諾也許能夠一探究竟，揭露這顆巨星的祕密。因此，天文學家為這個木星探測器取名為「朱諾號」。

「朱諾號」並不是第一個飛向木星的探測器。在它之前，已經有 8 個探測器拜訪過木星。兩個「航海家號」、兩個「先鋒號」、「伽利略號」、「尤利西斯號」、「卡西尼號」和「新視野號」等。「朱諾號」是造訪木星的第 9 位地球來客，也是第二位被指派「常駐」木星軌道的人造太空船。

除了「伽利略號」之外，「朱諾號」之前的大多數太空船，到木星都只是為了「順訪」和「加油」。木星家大業大，接待客人不在話下，還可以順便幫客人來個「引力助推」，施捨一點能量，增加速度，讓它們順利到達目的地，完成人類賦予的使命。

當然，在「順訪」的過程中，探測器也會拍幾張木星的照片，測量一些有關木星的數據，傳回給地球上的主人。加上常駐木星的「伽利略號」定期發回的觀測結果，這些寶貴的訊息大大加深了人類對木星的認識。別的不說，人類發現的木星衛星數目，從幾顆增加到了 67 顆，其中絕大多數都是這些前期造訪者的功勞。

「朱諾號」的前任使者「伽利略號」，也算盡忠職守，設計者原本只幫它設計 2 年左右的「繞木」工作任務。但「伽利略號」從 1989 年到 2003 年，「繞木」8 年，總共服務 14 年後，最後因諸多問題光榮退役後「壯烈犧牲」，永遠消失在木星的大氣層中。之後，這個位置空缺了數年，直到「朱諾號」的到來。「伽利略號」還記錄了 1994 年舒梅克—李維 9 號彗星撞木星的天文奇觀，這是人類第一次觀察到太陽系內兩個天體碰撞事件。

「朱諾號」雖然長相不如朱諾天后那般美麗，卻是「集智慧於一身」。它看起來像一架三個葉片的大風車，見圖 21-1。「朱諾號」高大威武，質量 3.6t，僅僅是位於核心處的「大腦」部分，直徑便有 3.5m，與一個汽車拖箱的尺寸相當。三塊巨大的太陽能電池板，每一塊長 9m，寬 2.65m。

這 3.6t 的質量，都是什麼呢？其中有 2t 左右是燃料和氧化劑。探測器飛行需要能量，特別是在整個軌道轉換過程中，需要進行數次速度變換，這些供給速度變化所需的燃料，都是精打細算後放置的。其餘的質量，包括九臺測量所需的科學儀器：微波輻射計、木星極光紅外成像儀、先進星光羅盤、木星極光分布實驗、木星高能粒子探測儀、無線電及等離子波探測器、紫外成像光譜儀和朱諾相機。還有磁強計被安置在一根太陽能帆板的頂部（圖 21-1），以便盡可能地遠離飛船本體，避免飛船自身其他設備工作時產生的磁場，干擾到磁強計對木星磁場訊號的測量。

此外，為了防止木星的強輻射影響，科學家讓「朱諾號」戴上一個沉重的「頭盔」：約 0.8cm 厚的鈦合金板製成的抗輻射電子防護罩，總質量約 200kg。頭盔保護著探測器的大腦（指令與數據系統）和心臟（電力系統等）。

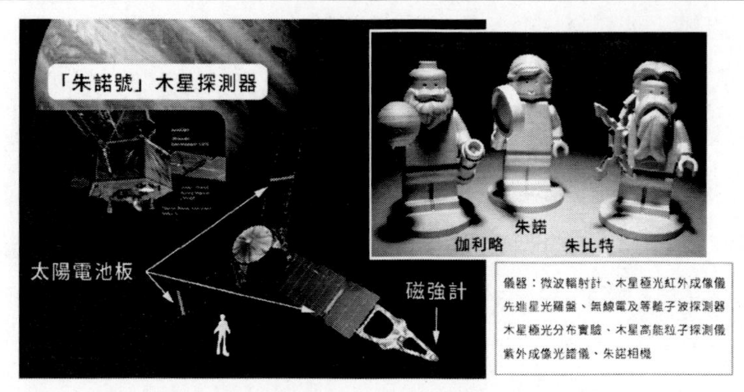

圖 21-1 「朱諾號」（圖片來源： NASA）

即使對太空船的每一克質量都需要斤斤計較的情況下，科學家們仍不失幽默地讓朱諾盡量人性化，讓它帶上了三尊樂高人像（是鋁製品而不是普通塑膠製成的樂高）。他們分別是：手持望遠鏡探索木星的伽利略、用放大鏡明察秋毫的朱諾，以及手握閃電的朱比特，如圖21-1所示。

1. 巡航 5 年被俘獲

不要忽略了研究「朱諾號」奔向木星的運行軌道，其中隱藏著許多奧祕[21]。

圖 21-2（a）顯示的是「朱諾號」被木星俘獲之前的軌道，這段路程它走了 5 年，最終目的只是為了在木星附近工作 1 年多！

2011 年，「朱諾號」從地球奔向太空。2 年又兩個月之後，它返回到離地 559km 的高度，與地球擦身而過。如此設計有兩個目的：第一是要借力地球引力「助推」一下！從圖 21-2（a）的軌道曲線可見，「朱諾號」第一次離開地球後，只到達金星軌道的位置就轉彎了，距離木星的軌道還遠著呢！實際上，那是因為在發射升空的一年之後（圖 21-2（a）中標誌在 2012 年 8 月附近的小白點），軌道設計人員讓它作了一次「深空變軌」，也許它那時候的速度還不夠到達木星。總之，這次軌道變換使它轉回頭飛向地球。然後，地球的引力助推使「朱諾號」獲得了 7.3km/s

的速度增量！因此，第二次飛離地球的「朱諾號」（圖 21-2（a）中 2013 年的藍點）來勢洶洶，似乎「卯足了勁」，向著圖 21-2（a）中最下面顯示的木星軌道衝去。

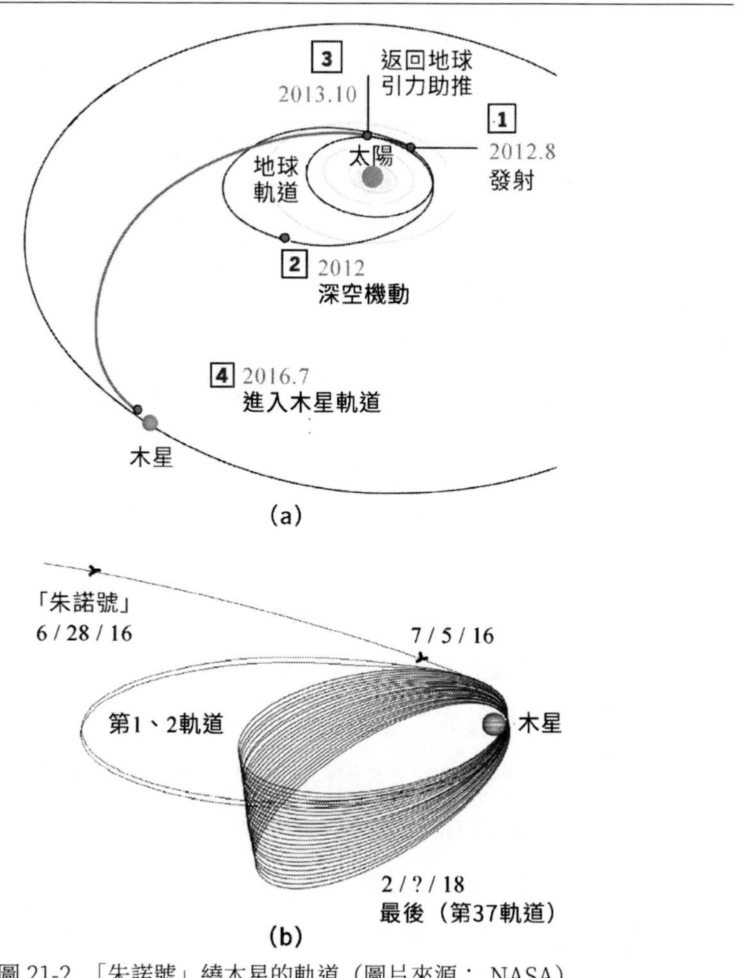

圖 21-2　「朱諾號」繞木星的軌道（圖片來源： NASA）

科學家們讓太空船返回地球的另一個目的是，正好可以利用這段時間，趁機就近測試檢查一遍其上的儀器設備。探測器到太空中遊覽了一圈，飛行了 2 年，就像新研製成功的飛機，做了一次現實環境下的飛行演習，設計者們需要近距離考察一下，看看是否有什麼異常情況發生。如果有的話，可能還來得及糾正，如此才能讓「朱諾號」的木星探測任務做好充分準備。

地球的引力助推是關鍵的一步。「朱諾號」攜帶了燃料，也可以依靠燃燒它們來獲得速度，但燃料有限，燒掉就沒了，2t 左右的燃料也只能為探測器帶來 2km/s 的速度改變，將此數據比較剛才所言的 7.3km/s 速度增量，這種引力助推技術的優越性顯而易見。

另一個節省太空船能源的方法，是使用太陽能電池板，「朱諾號」在這點也創下了使用太陽能距離最遠的紀錄（7.93 億 km），之前到達這個距離的大多數太空船是利用核能發電。木星離太陽的距離是日地距離的 5.2 倍左右，因為太陽能量的輻射遵從平方反比定律，同樣大小的太陽能電池板在木星處接收到的光能，就只有地球處的 1/25。這就是「朱諾號」有 3 塊尺寸巨大的風車葉片的原因，那上面總共放置了 1.8 萬個太陽能電池，它們能為繞木星運行的「朱諾號」提供 500W 左右的電力。

2016 年 7 月 4 日，「朱諾號」到達了木星軌道。但「到達」並不意味著它從此後就會自動地繞著木星轉圈。實際上，對「朱諾號」而言，這是一個命運攸關的時刻，它必須承受一個快速降低速度的過程，以便利用這個唯一的機會被木星俘獲。該任務由太空船的主引擎燃燒 35 分鐘而順利完成。如果燃燒時間太短或太長，不能讓「朱諾號」被木星俘獲的話，它便只能繞行太陽直到終老，而不能繞著木星轉，也就創造不出豐功偉績了！

最後，在美國獨立日的禮炮聲結束之際，「朱諾號」終於傳來一種特殊聲調無線電訊號，表明它「一切順利，成功入軌」，使 NASA 實驗室的人員欣喜無比，歡呼雀躍！

圖 21-2（b）是「朱諾號」成功地被木星俘獲後的「繞木軌道」。開始的 2 圈被設計為週期 53.5 天的「俘獲軌道」，讓「朱諾號」在環繞木

星的長橢圓軌道上喘喘氣。這麼做可以節省燃料，因為立即變軌到科學軌道需要很大的速度改變，同時也便於調整儀器並進行遠距離觀測。如此運行 2 圈（107 天）之後，「朱諾號」將實施最後一次變軌，進入週期 14 天的工作軌道。

2. 軌道密布似羅網

完成 2 圈的「俘獲軌道」後，科學家們計劃讓「朱諾號」以週期 14 天的軌道環繞木星工作 33 圈（第 4 ～ 36 圈）。這 33 圈的軌道不是簡單地重複，由於進動的原因，每次的軌道都會比上次偏離一點點，使得探測器能夠從稍微不同的角度和位置來觀測木星。這使得整體的軌道圖，像春蠶吐絲、蜘蛛織網那樣，密密麻麻地將木星包圍其中。

「朱諾號」繞木軌道的進動是由於木星的質量、質量分布以及木星自身的高速旋轉等多種原因造成的。廣義相對論預言了測地線效應 [22] 與冷澤—提爾苓進動。測地線效應（Geodetic Effect）是中央質量存在所產生的影響，也被稱為測地線進動（Geodetic Precession），而冷澤—提爾苓進動（Lense-Thirring precession）則是因中央質量的旋轉造成的，以冷澤和提爾苓兩位奧地利物理學家命名。測量冷澤—提爾苓效應，以此進一步驗證廣義相對論，也是「朱諾號」的科學任務之一。

木星引起的軌道進動也對「朱諾號」的「健康」造成負面效應。木星迫使「朱諾號」的軌道平面不斷改變、週期不斷縮短、近木點的高度不斷增加，從開始時 4,147km 的高度，第 36 圈時將增加到 7,950km。近木點越高、越靠近極區，輻射將越強烈。根據計算結果估計，在「朱諾號」的 32 條科學軌道中，後面 16 條受到的總輻射劑量，將是前面 16 條總劑量的 4 倍，以至於對更後面的軌道而言，「朱諾號」受到的輻射將超過能承受的最大輻射劑量，使其上的某些儀器無法正常工作。

3. 巧鑽空隙避磁場

如圖 21-3（a）所示，「朱諾號」的 33 條科學軌道像一個網子一樣，將整個木星包圍其中，再加上「朱諾號」本身的繞軸自轉，方便各個儀器有機會在不同的位置和角度對木星進行測量，得到更為全面的資料。

木星的強大磁場使其周圍形成強大的輻射帶，如圖 21-3（b）所示。為了減少輻射，科學家為「朱諾號」量身打造了一個「鈦盔甲」來保護「朱諾號」的關鍵部位。這個盔甲能將其遭受的輻射強度減弱 800 倍。另外，電子設備中的處理器和電路也都預先經過了特殊的防輻射處理：一顆 RAD750 型抗輻射處理器可應對 100 萬倍足以置人於死地的輻射劑量；抗輻射加固電路和傳感器封鎖裝置能進一步減弱輻射對電子設備的影響。即便如此，這些防輻射措施仍然不夠，「朱諾號」執行科學任務的過程中，高能電子仍有可能穿透頭盔，產生二次光子和粒子噴射，導致「朱諾號」徹底癱瘓。

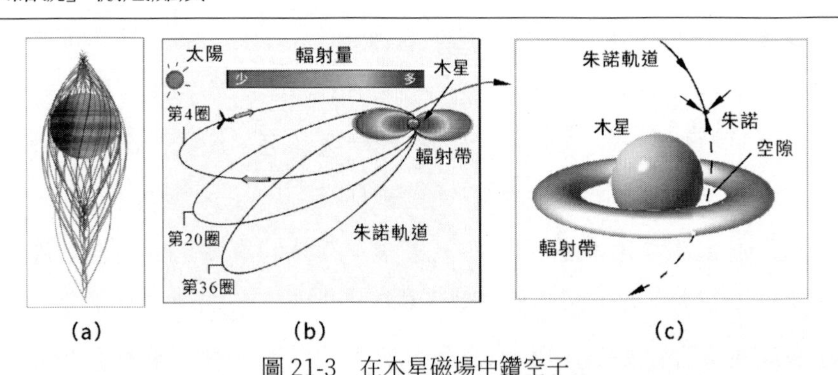

圖 21-3　在木星磁場中鑽空子

（a）軌道猶如天羅地網；（b）「朱諾號」的繞木軌道；（c）「朱諾號」的軌道穿過輻射帶的隙縫

所以，為了進一步減少「朱諾號」受到的整體輻射量，還必須在「朱諾」的軌道上做文章。

如圖 21-3（b）所示，「朱諾號」走的是「長橢圓極地軌道」，每一條軌道都是又扁又長，近木點與木星表面非常靠近（只有木星半徑的1.06倍，木星半徑大約70,000km）；遠木點則大約為木星半徑的39倍。因此，科學軌道上只有「近木點」的一小段靠近木星，軌道的其餘部分大都遠離輻射帶，這樣可以減緩輻射劑量的累積速度，讓「朱諾號」存活夠久的時間，完成20個月的科學探測。

用望遠鏡細看木星的輻射帶（圖21-3（c）），科學家們發現在木星環形輻射帶與木星之間，存在一個無（少）輻射的縫隙區域。這是許多星體周圍環形輻射帶的特點，地球磁層也有類似的現象。對木星而言，這個縫隙有數千公里。不過，相比起幾百萬公里的軌道而言，該縫隙只能算是一個「針孔」。因此，科學家在設計「朱諾號」的繞木軌道時，巧妙地利用這個空隙，讓探測器從極區俯衝而下，猶如穿「針眼」一樣穿過它。瞄準針孔穿針引線，說起來容易，實現起來還是很困難的，況且「朱諾號」的飛行速度很快，1秒就飛過70km。但無論如何，專家們必須利用這個天然縫隙。他們有精準的理論基礎、準確的計算技術作保證，克服這些困難。這樣一來，「朱諾號」既能避免來自木星輻射帶的粒子暴擊，又能讓自己與木星靠得夠近，在每條軌道上都有那麼幾小時（8小時左右）的時間進行寶貴的科學探測，將這個「星王丈夫」看得清清楚楚！

從剛才的說法看來，「朱諾號」的工作效率好像不高，14天的軌道上只有幾小時做測量！其實不然，當「朱諾號」位於近日點附近，離木星只有5,000km左右。一旦離開近日點，「朱諾號」將飛升到木衛四的軌道之外，距木星約1.9×10^7km。在離木星不那麼近的地方，也還是可以得到許多有用的資訊。因此，「朱諾號」這段時間也沒閒著，仍然有很多事要做。比如說，進行一些遠距離的測量，收集引力場及磁場的資料，和地球上的「主人」定期進行通訊會話、發送情報等。還有一件最重要的事情，就是利用這段時間調整 3 個大葉片的方向，讓上面的太陽能電池陣列接收到最充足的陽光照射而充滿電。此外，還得進行一定的軌道機動，以盡可能地調整下一次的軌道到避免輻射最有利的經度位置，為下一圈的軌道任務做好準備。

4. 快速自轉有玄機

「朱諾號」在飛行過程中，不停地自轉以保持飛行方向的穩定。這是基於角動量守恆理論，類似陀螺，高速繞軸自轉的物體有保持轉軸方向不變的趨勢。而且，在「朱諾號」的整個旅程中，自轉的速率不斷變化。最開始的巡航路途遙遠漫長，穩定性要求小一些，自轉速度每分鐘只有 1 轉，在被木星俘獲之後，軌道週期變小，自轉速度變成每分鐘 2 轉。當實施變軌而點燃主引擎時，自轉速度提高到每分鐘 5 轉來保證更好的穩定性。

除了加強穩定性之外，自轉的優越性還包括設計簡單，在旋轉 1 圈的過程中使得所有的科學儀器都轉了 360°，這樣，相當於一個全方位自動掃描。

5. 終點衝刺自殺亡

地球微生物的生命力異常頑強，任何人造的太空船都可能攜帶某種微生物，這樣將會讓太空船光臨過的天體造成「汙染」。目前，科學家們正在探測木衛二、木衛三和木衛四等衛星上是否有生命存在的跡象。如果「朱諾號」不小心撞到了這些衛星，便會「混淆視聽」，擾亂科學家們在地球外的生命探測計畫，特別是當「朱諾號」工作一段時間後，遭受的輻射劑量逐漸累積，科學儀器也將一個接一個喪失工作能力、失去控制，出錯的機率大增。為了避免意料之外的事故發生，還不如讓「朱諾號」完成任務後主動謝幕，自殺身亡。

因此，這便是「朱諾號」在第 37 個繞木週期的「工作任務」：計劃在 2018 年 2 月 20 日，飛船時間 11：39，「朱諾號」將用盡它的最後一點「力氣」，把自己撞向木星，全身心投入木星的懷抱，粉身碎骨在木星的大氣層中。

「朱諾號」的任務還包括對廣義相對論的檢驗，下一篇中將介紹廣義相對論在太空探險技術中的應用和驗證。

第22節
廣義相對論太空驗證　探測引力波地面響應

2016年2月11日，LIGO向全世界宣布首次直接探測到由兩個黑洞的碰撞併合所產生的引力波，全世界的天文學家和物理學家們都為之振奮，認為這證實了100年前愛因斯坦廣義相對論的最後一個預言。那麼，廣義相對論除此之外，還有哪些預言呢？

廣義相對論和牛頓萬有引力都是關於引力的理論，萬有引力定律人人皆知，真正了解廣義相對論的就不多了。牛頓用物體之間的交互作用來描述引力，愛因斯坦則將引力解釋為物質造成的時空彎曲。牛頓引力是一種「瞬時」傳遞的超距力，廣義相對論則是基於「場」的觀點，將引力解釋為引力場和物質場之間的交互作用。場的傳播需要時間，具有有限的速度，是一種「波」，也就是愛因斯坦預言的引力波。

可以認為，廣義相對論是比牛頓引力論更普遍、更精確的理論，後者是前者在弱引力條件下的近似。在地球表面的重力範圍內，雖然引力（重量）在我們的日常生活中無處不在，但我們卻很難試驗出兩個理論之間的任何差別。探測到引力波的LIGO雷射干涉設備是建造在地面上的，但這種花巨資建造的大型實驗裝置，全世界範圍內也就寥寥可數的幾個而已。如何才能更加檢驗廣義相對論的正確與否呢？

茫茫太空中，天體的質量比我們常見物體的質量大多了，計算和觀測它們的運動，就能檢驗這兩個理論的精確度，證實它們孰優孰劣。事實上，廣義相對論的3大經典預言：光線彎曲、引力（重力）紅移、水星進動，已經被無數天文觀測結果所證實。太空探險技術發展之後，科學家們更是自然地將太空作為驗證廣義相對論的實驗舞臺。

1. 光線彎曲

廣義相對論預言，遠處恆星發射的光線經過太陽附近時，巨大的引力會使光線彎曲，因而使恆星的視位置有所變化。第一次世界大戰之後，愛丁頓（Sir Arthur Stanley Eddington）率領觀測隊到西非觀測 1919 年 5 月 29 日的日全食，拍攝到日全食時太陽附近的星星位置，證實了這一點，見圖 22-1（a）。這是當時科學界的重大事件，是對廣義相對論的第一個實驗驗證。

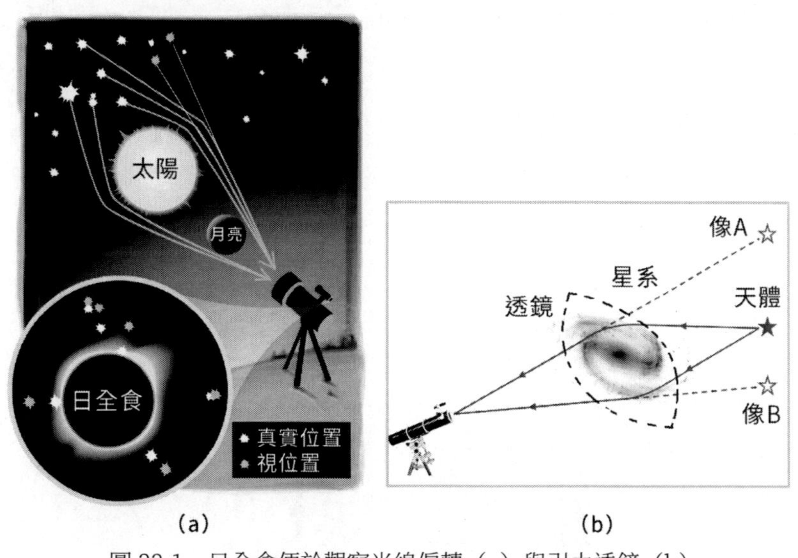

圖 22-1　日全食便於觀察光線偏轉（a）與引力透鏡（b）

雖然愛丁頓當年測量的誤差比較大，但後來，因為光線偏轉而造成的引力透鏡現象（圖 22-1（b））被多次觀測到，所以光線在巨大天體附近的彎曲現象，是一個毫無爭議的實驗事實。

2. 引力紅移

根據廣義相對論，巨大引力場源發出的光線會發生紅移，稱之為引力紅移。

圖 22-2 直觀地說明了什麼是引力紅移。地面上高樓底層的藍光源發出藍色的光，傳播到頂層時，觀察者看到的卻是紅光！上面的描述固然有所誇張，但如果實驗中，位於頂層的接收器靈敏度夠高的話，便會發現接收到底層光源的光譜譜線往紅端移動了一點點。可以從能量的角度來理解引力紅移現象，如圖 22-2 所示，相對於底層而言，位於頂樓的質量為 m 的粒子具有引力勢能 mgh，正比於高度 h。也就是說，位置越高，引力勢越大。光子雖然沒有靜止質量，但也能「感受」到地球的引力「勢」場。光子傳播到頂樓後，比在底層具有更大的引力勢能，這個勢能從何而來呢？可以看成是從光子自身的能量轉化而來。每個光子的能量 $E = h\upsilon$ υ 是光子的頻率。紅光頻率比藍光頻率低，因而能量更小，光子從底層傳播到頂樓，紅移損失的能量轉換成光子的引力勢能。

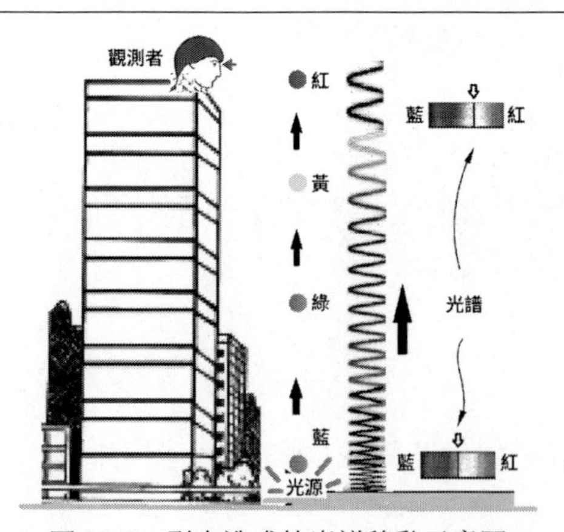

圖 22-2　引力造成的光譜移動示意圖

實際上，造成引力紅移的原因有兩點，其一是與發射時光源所在處的引力場有關，這是因為光源所在處引力場的作用使得時間膨脹，發出的光波比沒有引力場時光波波長更長所致。紅移的另一原因則與在空間的傳播過程有關。是因為質量巨大的星體發射的光子在離開光源之後，受到其周圍引力場的作用而產生的譜線位置變化。

剛才我們說到，驗證廣義相對論最方便的是利用太空中的天體，不過最早的引力紅移現象倒真是由哈佛一個非常聰明的教授龐德（Pound）和他的學生於 1959 年在地面的實驗室中觀測到的 [23]。他們透過研究放射性鐵 57，觀測到引力紅移現象。

3. 進動

進動是日常生活及天體運動中常見的物理現象，比如在地上高速旋轉的陀螺，如果同時受到對於支點的重力力矩作用時，其旋轉軸便會繞著一個豎立的桿子轉圈，形成一個圓錐形，這種現象就叫做進動，見圖 22-3（a）。如果仔細觀察陀螺的進動並作進一步分析，便會發現，除了進動之外，還有「章動」，即陀螺軸一邊轉動還一邊「點頭」。天體運動中也有這些類似的現象，進動比章動更為基本和常見，是太空探險經常要考慮的因素。天體運動產生進動的原因不一，需要具體情況、具體分析。比如，在地球的運動中，由於太陽和月球施加的潮汐力而產生的緩慢進動，通常被稱為歲差。

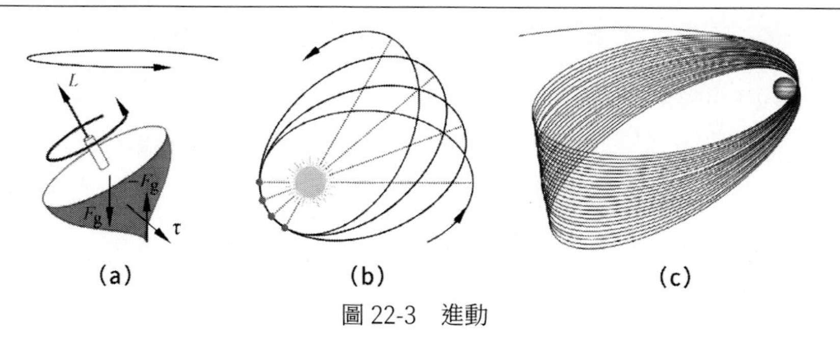

圖 22-3　進動

（a）陀螺的進動；（b）水星近日點的進動；（c）「朱諾號」繞木星軌道的進動

廣義相對論的基本實驗驗證之一就是對水星近日點進動的計算（圖 22-3（b）），當時用牛頓定律計算的結果，（每 100 年）有多餘的 40″的近日點進動值。有人將其解釋為水星附近還有顆我們不知道的天體。但是基於廣義相對論的計算，卻準確地算出了這個多餘值，得到比用牛頓定律計算更精確的與觀測數據相符合的結果。因此，要準確地描述天體的進動，需要用到廣義相對論。

廣義相對論的進動預言中，包括介紹朱諾號時提過的測地線效應與冷澤—提爾苓進動。測地線效應是因為中心天體引力場的時空曲率對處於其中的自轉物體的運動所產生的影響，造成物體的自轉軸沿測地線進動，因而也被稱為測地線進動。冷澤—提爾苓進動[24]則是因為中央質量的旋轉造成的。天體的高速自轉對繞其轉動的天體產生一種「參考系拖曳」效應，使其軌道產生進動。

4. 引力時間延遲

1960 年代，除了上述的 3 種經典天文觀測方法之外，似乎難以找到別的實驗方法來更進一步驗證廣義相對論。物理理論沒有更多實驗結果的支持，便會流於數學形式，而被冷落和停滯不前。當年的費曼便因此而發出過「不再參加引力學術會議」的感嘆。不過，這種情況在 1964 年得到改變：哈佛大學天文學家夏皮羅（Irwin Ira Shapiro）提出，引力場應該造成光線傳播時間減慢的效應，可以在天文觀測中進行檢驗。

廣義相對論用時空幾何來描述引力場，所以有引力場的地方，不僅空間被彎曲，時間也要相應變化。光線經過大天體附近時，除了方向改變，飛行時間也會增加，造成訊號延遲。因此，夏皮羅設想了一個觀測實驗：從地面上向金星表面發射雷達波並測量其往返時間。經過計算，由於太陽引力導致的雷達波往返時間的延遲將達 200 毫秒左右，是當時的技術條件可以探測到的。

夏皮羅效應於 1966 年被麻省理工學院的「草堆」雷達天線（Haystack radar antenna）第一次證實，之後又多次被地面以及太空船的觀測所重複，精度不斷提高。比如，2003 年「卡西尼號」土星探測器的「引力時間延遲」實驗的測量精度小於 0.002%，是精度很高的廣義相對論實驗驗證。

5. 引力時間膨脹和 GPS

引力時間膨脹首次由愛因斯坦於 1907 年提出，認為引力場會影響「時間」的流逝。實質上，該現象與上述的訊號延遲及引力紅移都相關聯，只不過表現於時間的變化而已。它說的是，在不同引力勢能的區域會導致時間以不同的速率度過，時空扭曲越大，時間就過得越慢。

證實這種效應最簡單的方法就是把兩個原子鐘放在不同的高度來測量時間。

1976 年，NASA 的引力探測器 A 項目，利用火箭攜帶精密的原子鐘到 10,000km 高的太空，測量到那裡的時間比地表快（每 1,010 秒快 4.5 秒）。目前通訊技術中經常使用的衛星訊號傳遞、全球定位系統（global positioning system，GPS）、衛星導航等，都是對這種時間變慢效應的最好驗證。

GPS 是靠 24 顆衛星來定位的（圖 22-4（a）），任何時候在地球上的任何地點至少能見到其中的 4 顆，地面站根據這 4 顆衛星發來訊號的時間差異，便能準確地確定目標所在的位置。從GPS的工作原理可知，「鐘」的準確度及互相同步是關鍵。因此，GPS 的衛星和地面站都使用極為準確（誤差小於 $1/10^9$）的原子鐘，見圖 22-4。

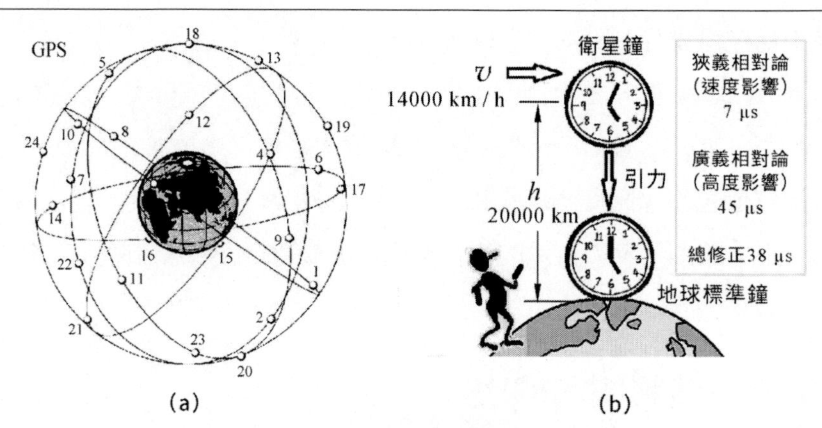

圖 22-4　GPS 的相對論修正

(a) 24 顆衛星的 GPS 系統；(b)　GPS 衛星鐘的相對論修正

但是，GPS 衛星上的原子鐘和地球上的原子鐘必須同步，否則便會影響定位的精度。根據狹義相對論，快速運動系統上的鐘會走得更慢一些（孿生子悖論），衛星繞著地球旋轉，它的線速度大概為每小時 14,000km。如圖 22-4（b）所示，速度產生的狹義相對論效應將使得衛星上的鐘比地球上的鐘每天慢 7μs。因為衛星的高度而產生的引力時間膨脹（廣義相對論）效應，將使得衛星上的鐘比地球上的鐘每天快 45μs。兩個相對論的作用加起來，便使得衛星上的鐘比地球上的鐘每天快 38μs。

38μs 好像很小，但是比起原子鐘的精度來說，則是相當的大。原子鐘每天的誤差不超過 10 奈秒，而 38μs 等於 38,000 奈秒，是原子鐘誤差的 3,800 倍。

關鍵問題是，38μs 的差別將引起導航定位系統定位誤差的累積，使得 GPS 系統開始時還好用，但誤差會越來越大。所以，GPS 系統必須考慮相對論的影響，及時進行相應的修正。

6. 引力探測器 B

綜上所述，廣義相對論並不乏精確的實驗驗證。但對於基礎理論，科學家們是非常謹慎的。雖然已經有不少天文觀測和實驗都驗證了愛因斯坦的理論，但是要證明它是這些現象「非它莫屬」的唯一解釋，還需要更多的證據，越多越好。況且，物理學家們總是希望能充分利用現代太空探險技術幫助檢驗這個理論的正確性。因此，專家們從 1960 年代就開始策劃發射一個專門的探測器（後稱為「引力探測器 B」）來檢測地球重力對周圍時空的影響。

引力探測器 B 的基本構思是利用陀螺儀來探測廣義相對論預言的兩種進動效應：測地線效應和參考系拖曳（也就是之前提到的測地線效應和冷澤—提爾苓進動）。

測地線效應指的是由於地球附近時空彎曲，使陀螺的轉軸按照測地線產生進動的現象。在牛頓的平坦時空模型中，引力探測器圍繞地球旋轉時，陀螺儀的小指針會永遠指向同一個方向，指示的方向應該和開始時的方向完全一致，如圖 22-5（a）所示。但在廣義相對論中，由於地球對周圍時空的扭曲，探測器繞軌道一周後，陀螺儀指針會傾斜一個極其微小的角度，如圖 22-5（b）所示。

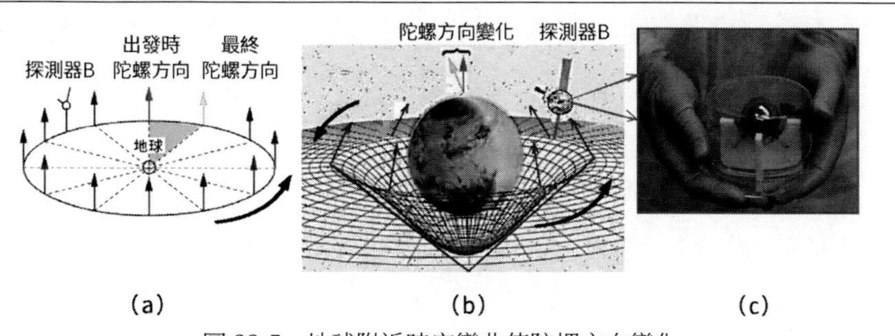

圖 22-5　地球附近時空彎曲使陀螺方向變化
（a）牛頓平坦時空；（b）地球引力場的彎曲時空；（c）「乒乓球」陀螺儀

大質量天體會引起周圍時空的彎曲，如果這個大天體自身在旋轉（比如地球的自轉），便會帶動周圍彎曲的時空也一起旋轉。這種現象類似水流在下水口形成的漩渦，也可以想像把一個旋轉的皮球浸入蜂蜜中的情形，皮球如果旋轉，蜂蜜將被皮球「拖曳」著旋轉。不過，地球自轉時拖曳的不是蜂蜜，而是周圍的時空參考系，如圖 22-6（b）所示。被「帶動」旋轉的時空參考系，會對在其中運動的陀螺產生影響，因為這種原因而產生的陀螺進動現象，被稱為「參考系拖曳」。

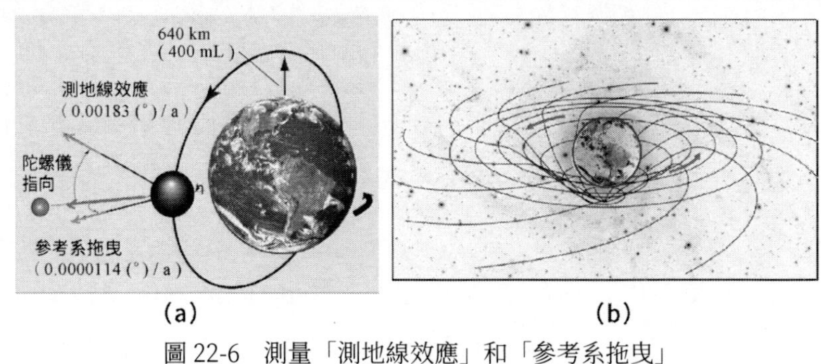

圖 22-6　測量「測地線效應」和「參考系拖曳」
（a）引力探測器 B；（b）地球自轉引起的參考系拖曳

引力探測器繞地一圈之後，測量到陀螺儀方向的總變化是兩種效應之合成，比如在圖 22-6（a）中，用陀螺儀南北方向的傾斜量表示測地線效應，東西的傾斜量表示參考系拖曳效應。

引力探測器 B 從開始構思到 2004 年正式升空，拖了 40 多年，其耗資達 7.5 億美元。其中牽扯進很多關於科學與政治的爭論。在技術上來說，測量「進動」的原理簡單，但對陀螺儀靈敏度的要求卻非常高。

因此，在引力探測計畫被拖延的時間內，人們用了近 50 年，開發出最靈敏的陀螺儀技術，來探測極其微弱的引力效應。物理學家終於在 2005 年的新聞發布會上宣布：「漂浮在太空中的 4 顆乒乓球」證實了愛因斯坦廣義相對論的 2 項重要預測 [25]。

這「4 顆乒乓球」便是安置在探測器 B 上面的 4 個陀螺儀。每個都如乒乓球一般大小，它們隨同探測器 B 一起，在極軌道上圍繞地球運行了 17 個月。這些陀螺儀是用熔凝石英球製成的，是「最接近完美球體的人造物體」，因為它和一個完美球體相比，差別不超過 40 個原子的厚度。球體由軟金屬鈮覆蓋，被冷卻到液氦溫度。這些高標準使這 4 個「乒乓球」陀螺儀的穩定性達當時最好導航陀螺儀的 100 萬倍。圖 22-5（c）顯示了一個放大的「乒乓球」陀螺儀。

「測地線效應」和「參考系拖曳」都是很微弱的效應，引力探測器 B 上的陀螺儀指針方向在一年內僅移動了 6.6″（1°＝ 3,600″），這個微小的角度大概相當於你在 100 多公尺外觀察一根頭髮所對應的角度。陀螺儀偏轉角的主要貢獻是來自於測地線效應，因為它是拖曳效應的 170 倍。因此，科學家們最後確定引力探測器 B 對測地線效應測量的精度達到 0.28%，但對參考系拖曳效應的精度只有 20%。

引力探測器 B 直到 2010 ～ 2011 年公布了最後一批研究結果並被除役，但它仍舊默默無聲地移動在它的 642km 極軌道上。對參考系拖曳效應進一步檢驗的任務，落到了環繞木星的「朱諾號」身上。

7. 引力波和黑洞

美國的 LIGO 在 2015 年測量到引力波，不僅是對廣義相對論的驗證，且對物理、天文等基礎科學意義非凡。首先，這意味著科學家們可以透過它來進一步探測和理解宇宙中的物理演化過程，為恆星、星系乃至宇宙自身現有的演化模型提供新的證據，也提供了一個更為牢靠的基礎。再者，過去的天文學基本上是使用光作為探測方法，而現在觀測到了引力波，便多了一種探測方法，也許由此能開啟一門引力波天文學。

LIGO 探測到的引力波波源，是遙遠宇宙太空之外的雙黑洞系統。其中一個黑洞質量是太陽的 36 倍，另一個質量是太陽的 29 倍，兩者碰撞併合成一個 62 倍太陽質量的黑洞。36 ＋ 29 ＝ 65，而非 62，還有 3 個太陽質量的物質到哪裡去了呢？這正是我們能夠探測到引力波的基礎。相當於 3 個太陽質量的物質，轉化成巨大的能量釋放到太空中。正因為有如此巨大的能量輻射，才使遠離這兩個黑洞的小小地球上的人類，探測到了碰撞融合過程中，傳來的已經變得很微弱的引力波。

因為波源是第一次發現的兩個黑洞，探測到引力波，也再一次確認了這兩個黑洞是宇宙太空中的真實存在。黑洞也是廣義相對論的預言之一，且黑洞物理與量子理論密切相關，引力波的探測結果以及今後朝這個方向的進一步研究，將有助於深化對黑洞物理性質的認知。對兩個黑洞碰撞融合過程的研究，也必定會得到大量有用的訊息。對黑洞的這 3 個方向的深入研究，也許能促成量子理論與引力理論的統一，對基礎物理學的研究意義將十分重大，有里程碑的作用，更多關於引力波和黑洞的介紹，請見參考文獻【26、27】。

第 23 節
潮汐鎖定共振曲　混沌自轉土衛七

人類最早的太空探險活動始於對月球的探測。這是理所當然的，因為月亮是離地球最近的天體。在這裡，我們將簡要地回顧這段重要的歷史。

說句笑話，月球女神像是喝多了酒，但還能保持平衡，不過有點搖搖擺擺，讓地球人鑽空子多看了幾眼（背面）而已。太陽系的衛星中倒真有一顆喝醉了酒的醉漢，連基本的平衡都無法保持，那就是土星的第 7 個衛星：土衛七。它也是被土星拉著趨向同步自轉的，但因為它的軌道離心率比較大，形狀不規則，體積又小，造成它的自旋週期是混沌無規的。因此，土衛七一邊公轉，一邊大幅度地搖擺，土星無法將它同步鎖定。這個衛星不是月球那種「淑女」，它在搖頭晃腦的過程中，將其全身暴露無遺，完全展現在土星面前。

前面介紹了月亮和地球的「潮汐鎖定」。引力對「非質點」物體的「潮汐」效應，使月球永遠只將它的一面展示於地球，這是月亮自轉、公轉週期以 1：1 鎖定的結果。在太陽系的行星及衛星中，類似的鎖定例子非常多，而且，鎖定的比例也不見得一定是 1：1，可能是 3：2、4：3……或其他整數比。還有可能是好幾個「鎖定」的合成效應，那時需要將多個整數比值相加。因為宇宙（太陽系）是一個多體系統，只是在一定的情況下，才用二體（或三體）模型來近似，得以方便研究它們而已。牛頓引力的「二體（質點）問題」，有很漂亮的、軌道為解析圓錐曲線的精確解。然而，對三體系統，即使將 3 個天體全當作質點，大多數時候也帶給我們難以解決的數學問題，見下文的「龐加萊三體問題」。如果再將天體看成有形狀、大小，會自轉的剛體，便更為複雜了。但這種複雜性卻為我們展示了非常有趣的運動圖景，其中之一便是此篇將介紹的「混沌自轉」。

1. 什麼是混沌

首先簡要介紹什麼是混沌。

科學界使用「混沌」一詞，描述非線性動力學系統的「不可預測性」。這種不可預測導致了某些看起來「亂七八糟」無規律的行為。按照 20 世紀之前人們理解的經典牛頓力學，宇宙似乎可以被想像成一個巨大的機器，是有序、有規則、可預測的。只要初始條件設定了，所有天體將來的運動都完全可知和可預測。但之後的深入研究顯示，在很多情況下，初始條件的些微改變，將造成完全不同的結果，即「差之毫釐，繆以千里」。這個領域的開創者是美國科學家愛德華．勞倫次（Edward Norton Lorenz，1917 ～ 2008），他在氣象研究中發現了混沌現象，發現氣象預報對初始條件的無比敏感性。如何直觀地解釋這種敏感性？好比是巴西的一隻蝴蝶搧了搧翅膀，就可能在大氣中引發一系列的連鎖事件，從而導致之後的某一天，德克薩斯州將出現一場龍捲風！因此，後來人們也將混沌稱為「蝴蝶效應」[28]。

蝴蝶效應打破了人們精確預測未來的幻想，也更為正確地解釋了自然現象。正如美國歷史學家亨利．亞當斯所說：「混沌是常態，次序只是人們美好的願望。」他所說「混沌」一詞的意義有所不同。但是，勞倫次所發現的混沌現象，在科學及人文界的例子屢見不鮮。比如，生態學家羅伯特．梅在研究昆蟲繁衍的「蟲口」（類似人口）問題時，發現混沌理論中的分岔現象；金融家們在分析股票市場數據時，也發現混沌現象；

研究網路及社交網絡的大數據，也能找到混沌。此外，我們每個人的心律及腦電波等，都能看到混沌的蹤影。

甚為有趣的是，醫學研究者們本來以為「混沌」的心律也許與心臟病態有關，但後來卻發現，健康成人的心律曲線是凹凸不平的不規則形狀，貌似混沌。而癲癇患者和帕金森氏症患者的心律曲線反而呈現更規則和週期性行為，表現得更有規律，如圖 23-1 所示。

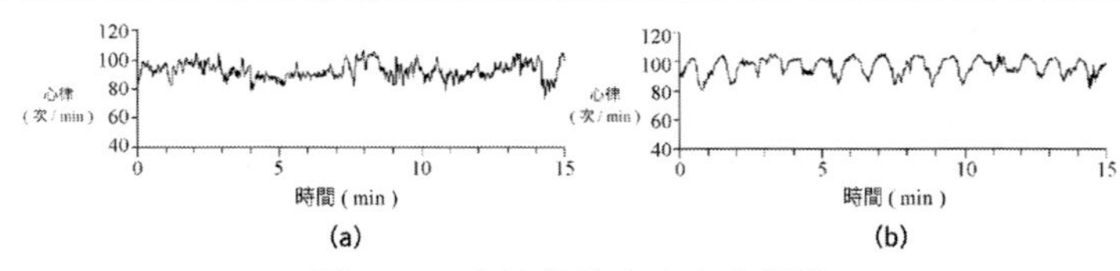

圖 23-1　心律曲線中也存在混沌
(a) 健康成年人心律曲線；(b) 心臟衰竭（CHF）患者的心律曲線

2. 龐加萊三體問題

亨利．龐加萊被公認是 19 世紀末和 20 世紀初的領袖數學家，他最早從三體運動開始研究與天文有關的混沌現象。

龐加萊試圖定性地研究包括小塵埃和兩個大星球的「限制性三體問

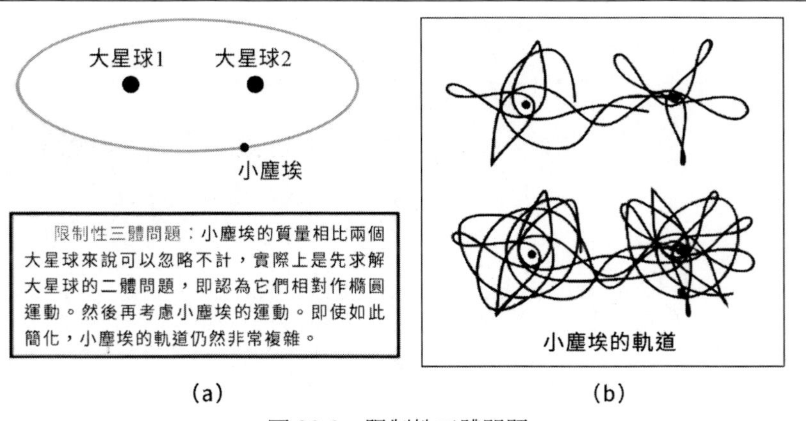

圖 23-2　限制性三體問題

題」。也就是說，小塵埃的質量大大小於大星體的質量。這種情形下，兩個大星球的二體問題可以先精確求解，大星球 1 和 2 相對作橢圓運動。龐加萊需要定性描述的只是小塵埃在大星球 1 和大星球 2 的重力吸引下的運動軌跡，但如圖 23-2（b）的曲線所示，一定的情況下，小塵埃的軌道可能是「混沌」的。

3. 單擺和雙擺

單擺是大家熟悉的，如果擺動幅度很小的話，是簡單、確定、可預測的簡諧運動。

如圖 23-3（a）所示的單擺，當角度很小時，擺動頻率是單一的，可以看成是僅由擺長決定的簡諧運動，相圖是一個規則的橢圓（圖 23-3（b））。但是在有外力的一定條件下，擺動幅度逐漸增大，新的頻率分量將不斷出現，有時還會產生轉動模式，其振動及轉動的次數、位置、方向，看起來越來越貌似隨機和不確定，最後會過渡到圖 23-3（c）所示的混沌狀態。

將一根單擺連接在另一個單擺的尾部所構成的系統叫做雙擺。雙擺構造簡單卻很容易觀察到複雜的混沌行為，見圖 23-4。

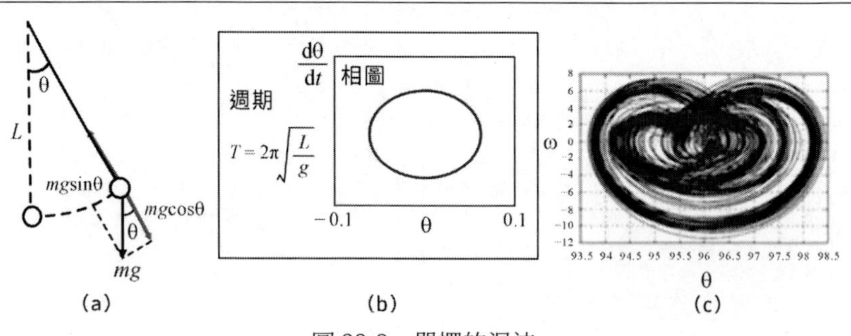

圖 23-3　單擺的混沌

（a）單擺；（b）小振幅時；（c）混沌單擺的相圖

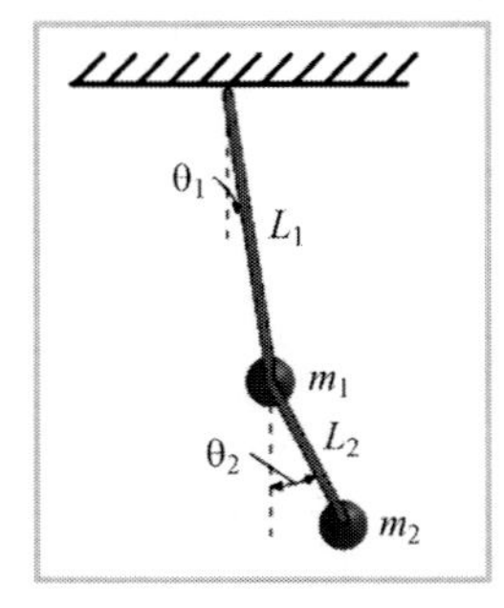

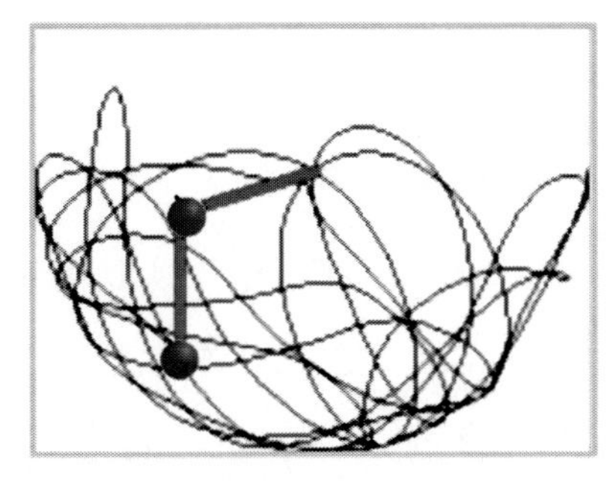

圖 23-4　雙擺的混沌運動軌跡

4. 三生混沌

在對混沌理論做出重要貢獻的學者中，有一位華人科學家李天岩。他 3 歲時隨父母到臺灣，大學畢業後到美國攻讀博士學位，後來一直在美國密西根州立大學數學系任教。李天岩定居美國後數 10 年，長時間與病魔鬥爭，歷經洗腎、換腎、心血管手術等十餘次治療。但意志力驚人的他，長年累月在病床上堅持研究工作，在應用數學與計算數學中做出了不少開創性的貢獻 [29]。

李天岩和他當年的博士論文指導教授詹姆斯· A · 約克（James A. Yorke），在研究勞侖次的「氣象混沌」工作時，以數學家的敏銳直覺，猜測混沌現象的產生與週期 3 有關，為混沌行為建立了數學基礎。

週期 3 是什麼意思呢？可以用一個直觀，但也許不十分恰當的比喻來解釋：幾個週期就是幾個人傳球，週期 1 時只有 1 個人，丟來丟去還是在 1 個人手上；週期 2 就是兩個人傳來傳去；週期 3 就是 3 個人，週期 4 就是 4 個人了。週期 1 和週期 2 的結果是簡單而可預測的，到了 3 以上，傳球的方式增加到很多種，就開始有產生混沌的可能性。

李天岩和約克為混沌取名的文章「週期 3 即混沌」，使人聯想到老子的名言：「一生二，二生三，三生萬物。」龐加萊研究的三體問題也有個

「3」。看來，對混沌而言，3 的確是一個關鍵的數目！

5. 土衛七的混沌自轉

土星和木星類似，是一個由諸多衛星組成的大家庭，這個家庭是太陽系中最豐富多彩的。它已經確認的衛星有 62 顆，其中有 7 顆質量較大且呈球形，看起來更像「衛星」。而其餘的大多數衛星奇形怪狀，因為它們質量都太小，尚不能靠自身的引力平衡而形成球形，看起來像是許多在土星的天空中遊蕩的小石頭。其中有一顆與混沌現象有關的「小石頭」是土衛七（Hyperion），見圖 23-5（a）。除此之外，看起來美麗的土星環中還有難以計數的「小小石頭」衛星。

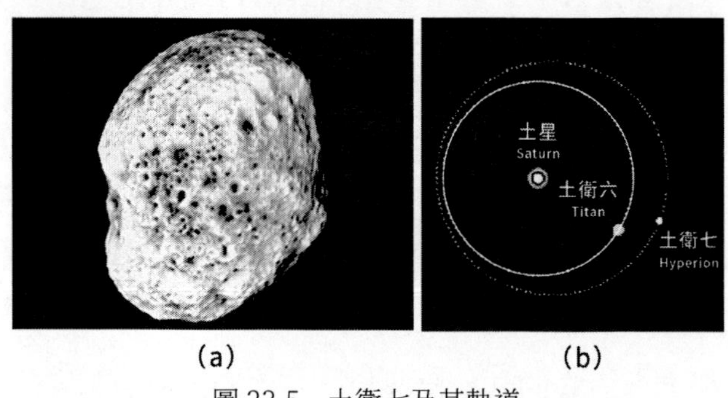

圖 23-5　土衛七及其軌道
（a）土衛七；（b）土衛七的軌道

圖 23-5（b）中所畫的是土衛六和土衛七圍繞土星運動軌道的示意圖，其中的 3 個天體大小比例遠不是真實情況的比例。就質量而言，土星相當於 95 倍地球質量，土衛六只有 0.0225 倍地球質量，大約只有土星質量的 2/10000，而「小石頭」土衛七的質量，還不到土衛六質量的 1/10000，見圖 23-6。

別看土衛六質量只有土星的 2/10000，它可是土星衛星中的「老大哥」，完全有資格瞧不起其他所有的「弟弟」，因為土衛六的質量占所有環繞土星物體總質量的 96%。即使在整個太陽系的衛星中，土衛六的大小也只僅次於木衛三，屈居老 2。不過，土衛六的旁邊帶了一個頗有特色的「小弟弟」，那就是土衛七。

土衛七是土衛六最鄰近的衛星，軌道比土衛六稍大。土衛七乍看像馬鈴薯，長度大約 360km，直徑 270km，是太陽系中最大的非球體天體之一。雖然土衛七有漂亮的名字，但「卡西尼探測器」飛過時，將它「細」看了一下，發現它有一張恐怖的「痲臉」，原來土衛七上布滿了大大小小的小天體撞擊後的隕石坑。也有人將土衛七的這種多孔外觀與「海綿」比較，稱其為「海綿衛星」。

不過，土衛七最令人感興趣的是它的混沌旋轉。這是什麼意思呢？就是將我們剛才介紹的「混沌」概念，用在土衛七的自轉軸和自轉速度（週期）上。也就是說，它的旋轉週期和方向都在不停地貌似隨機地改變著，無法預測。

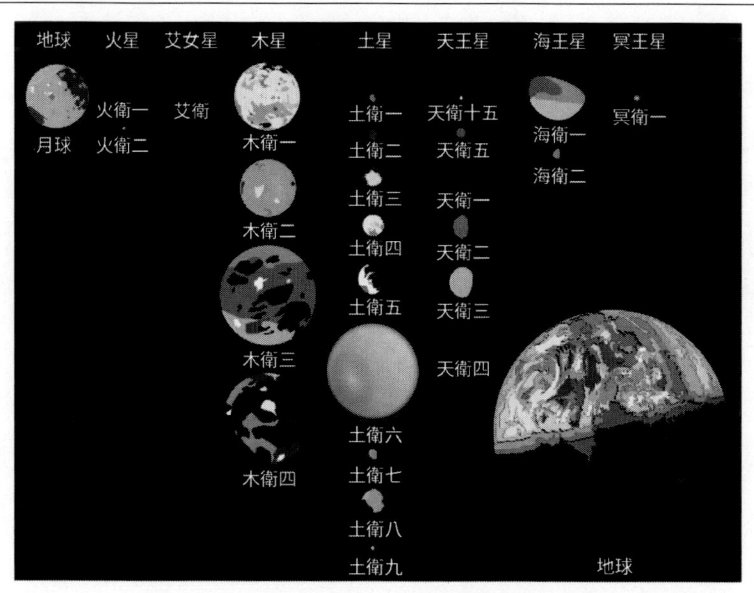

圖 23-6　太陽系各行星的主要衛星大小比較圖（圖片來源：維基百科）

眾所周知，地球自轉的週期是 24 小時左右，自轉軸方向基本固定，與公轉平面保持 66° 34′左右的斜度。地球自轉轉軸和週期也會變化，但非常緩慢，好些年才偏離一點點。所以，我們每天早上看見太陽從東邊升起，下午從西邊落下，晝夜規則地交替循環，人體的生理時鐘也就跟著運轉。但是，如果有幾個太空人登陸到土衛七上面去生活一段時間，那他們可就慘了。看見太陽下山之後，不知道它什麼時候會再升起？也許 1 小時，也許幾小時，也許幾 10 小時？都說不定。也不知道太陽會從哪個方向出來？哪個方向落下？似乎無規可循。因此，天體的混沌自轉，對天體上的生物而言，就是晝夜交替的混沌。

土衛七的自轉為什麼會呈現混沌狀態呢？細節原因還有待專家們深入研究，但從混沌現象的一般規律來說，應該與系統的參數太多有關，非線性微分方程式的參數越多，產生混沌現象的可能性越大。如果將土衛七看成一個點質量的話，運動算是一個三體問題。這三體就是土星、土衛六及土衛七。土星的引力束縛使土衛七成為一顆衛星，而老大哥土衛六的軌道與它靠得很近，影響很大。兩個大天體，1 個小天體，有點類似前面例子中的「龐加萊三體問題」，但龐加萊問題中表現混沌的是軌道，土衛七的混沌表現在它的自轉特性，更有可能與其不規則形狀有關。

也可以將土衛七的混沌轉動與雙擺的例子類比：土星及土衛六對土衛七的強大引力，就像雙擺中的 2 根「桿子」。桿子的轉角也是混沌的。

土衛六的存在也影響到土衛七的公轉軌道（雖然沒有混沌）。一是使它的軌道具有較大的離心率，見圖 23-5（b）；再者，是使兩者的軌道產生共振，如圖 23-7（b）所示。從「卡西尼探測器」傳回的數據證實，土衛六與土衛七有 4：3 的軌道共振。也就是說，土衛六（週期 16 天）繞土星每轉 4 圈，土衛七（週期 21.3 天）剛好繞土星轉了 3 圈。

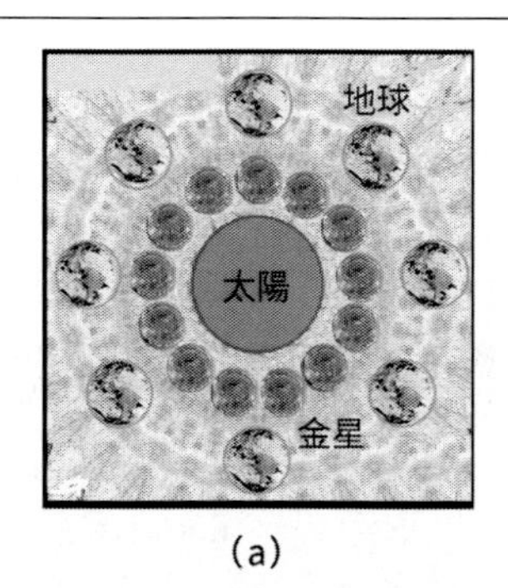

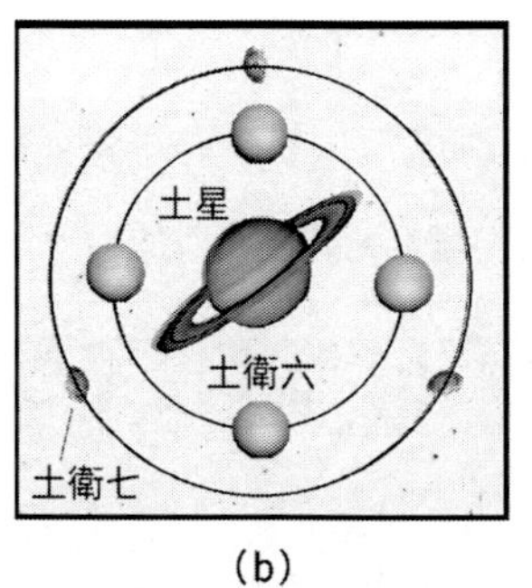

圖 23-7　軌道共振
（a）地球和金星軌道共振 8：13；（b）土衛六與土衛七軌道共振 4：3

圖 23-7（a）顯示出一個太陽系中行星軌道共振的例子：地球和金星的繞日軌道共振為 8：13。

我們再回到土衛七的自轉混沌。對太陽系中天體的觀測發現，如果一個天體偏離球形比較大，即使自轉已經被中心天體鎖定，它仍然會產生比較大的搖擺，一邊轉一邊擺。就像一個形狀不對稱的陀螺，高速旋轉時也免不了擺動。土衛七與土星的距離比較遠，軌道的離心率大，自身形狀不規則，又受到旁邊土衛六的強烈影響。多個因素產生許多不同的共振頻率，並互相疊加，結果造成了它的混沌自轉。

很多不規則的天體都可能有這種混沌運動，不過觀測的資料有限，目前觀測到的自轉混沌，除了土衛七之外，還有冥王星的幾顆小衛星，如圖 23-8 所示。

凱倫的質量比較大，和冥王星一起被認為形成一個「雙星系統」，這兩個矮行星影響到周圍的 2 顆（或幾顆）小衛星，使它們大跳「混沌之舞」。

比如冥衛二與冥衛三，它們體積較小且形態不規則。這 2 顆小衛星是在「新視野號」升空之前由哈伯太空望遠鏡發現的。「新視野號」第一次辨認出它們的輪廓和大型地貌。冥衛二長度只有 42km，寬度 36km；

冥衛三長 55km、寬 40km。它們受到冥王星和凱倫複雜的雙星引力場影響，加之自身形狀不規則，「新視野號」觀測到它們正在混沌地翻滾著，自轉軸方向和自轉週期都不確定[30]。

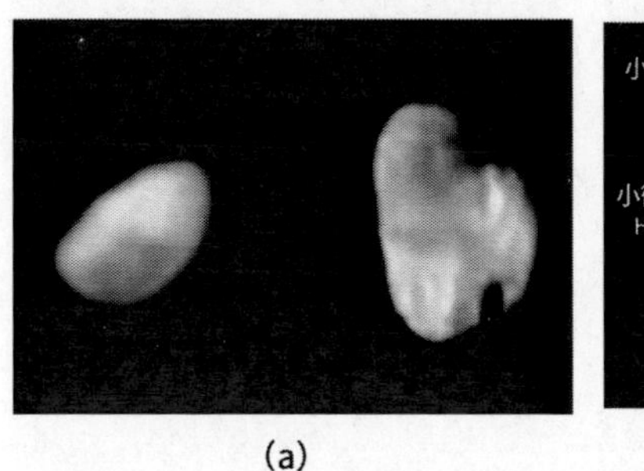

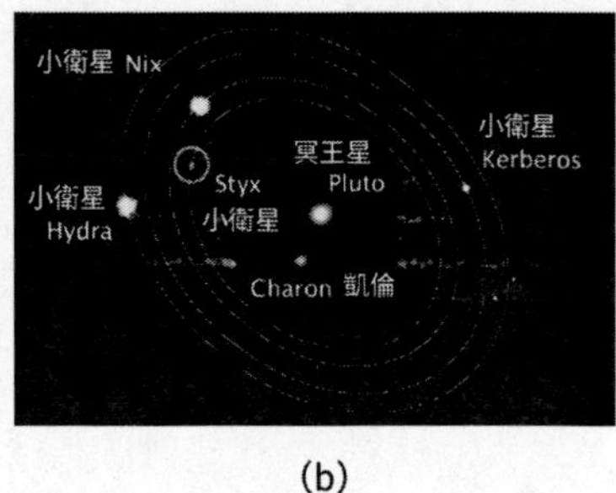

(a)　　(b)

圖 23-8　冥王星和凱倫（冥衛一）及小行星（圖片來源： NASA）
（a）小衛星的混沌自轉；（b）冥王星—凱倫系統

第 24 節
「惠更斯」登上泰坦　「卡西尼」智探土星

太陽系中，土星是唯一有混沌轉動衛星的行星。誰對土星最了解呢？是探測土星 12 年的「卡西尼—惠更斯號」，我們將在這裡介紹它。

1. 土星探測：「卡西尼—惠更斯號」

物理學家惠更斯的名字大家聽過很多，流傳最廣的應該是光學中的惠更斯原理，將波動的傳播過程，諸如反射、折射、繞射等，用次波的包絡來進行分析和解釋，簡潔又明了，直觀而形象。實際上，荷蘭物理學家惠更斯（Christiaan Huygens，1629 ～ 1695）在天文觀察中也有不少重要的發現，特別是，他用自製望遠鏡對土星的觀測功勞不小：他發現了土星最大的衛星「土衛六（泰坦）」，以及繼伽利略發現土星有「耳朵」之後，第一次正確地用「圓盤形狀」來描述這個獨特而美麗的光環。

法國天文學家卡西尼（Domenico Cassini，1625 ～ 1712）是另一位勤於觀察土星的天文學家。他對木星也有研究，與虎克同時第一次觀察到木星表面的大紅斑。他還發現了木星赤道旋轉得比兩極快，這是一種後來被稱為「差異自轉」的現象。對土星而言，卡西尼發現了土星 4 個較大的衛星，還將土星光環看得比惠更斯更清楚，發現不僅僅是個「圓盤」，盤中還有一條暗縫，後人以他的名字命名這條縫為「卡西尼縫」。

也許是因為天文學和物理學偏重的方向有所差別，使卡西尼和惠更斯的物理思維表現迥異。惠更斯是一名物理學家，從學習數學到研究光學，再到發明望遠鏡，並用於觀察天象而有所收穫，他與稍後的牛頓和萊布尼茲都有來往。卡西尼在物理思維上卻是少見地保守，他不接受哥白尼的日心說，也反對克卜勒定律及牛頓的萬有引力定律。

2. 宏偉的探測計畫

卡西尼和惠更斯是同時代的人物，生前互相認識，但不見得有密切來往，幾百年後的科學家們卻將他們「綁在一起」，組成了一個「卡西尼—惠更斯號」（圖 24-1（b））[31]，開啟了野心勃勃的土星探測計畫。

對地球人來說，土星一直就很具神祕感：和木星類似，離地球遠遠的，是一個由眾多天然衛星組成的大家庭。但木星好像比較活潑，土星卻像一個寧靜美麗「環帶」繞身的女神，漂浮在比木星更為遙遠的天際。

月球探索的成功使人類雄心勃勃，接著便是向太陽系的其他行星進軍。因此，除了讓「水手號」、「維京號」、「先鋒號」前仆後繼地奔赴火星之外，又有「伽利略號」駐紮繞行於木星附近。土星呢？人類當然不會忘記這個「腰纏」絢麗光環的美麗女神，經常會派幾個過客去拜訪拜訪它。

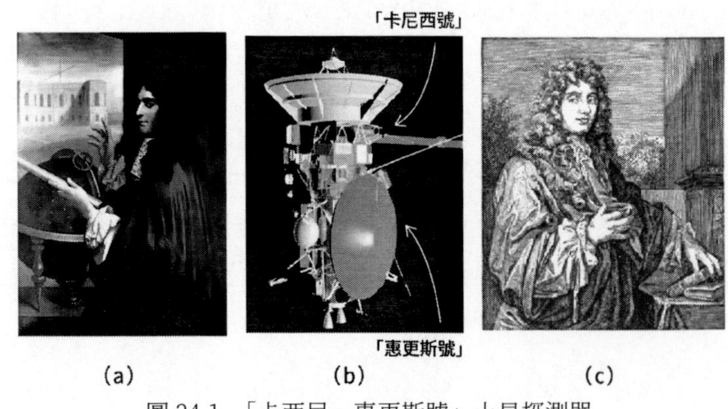

圖 24-1　「卡西尼—惠更斯號」土星探測器
（a）卡西尼；（b）「卡西尼—惠更斯號」；（c）惠更斯

土星類似於木星，沒有固體表面可以供探測器登陸。土星上厚厚的大氣層，又妨礙望遠鏡從地球上仔細觀察它的表面形態。對這個距離地球大約比木星還遠 1 倍的神祕天體，科學家們也知之不多，充滿了困惑和疑問：土星環由何物構成？雲層下面是什麼模樣？有生命存在的可能性嗎？

1979 年 9 月，「先鋒 11 號」飛越土星時，第一次拍攝到幾張它表面的照片，發現了土星環中的 F 環（最細的）。如今飛離地球最遠的「航海家 1 號」，也曾於 1980 年 11 月造訪土星，並借助其引力而為自己「加油」來獲取能量。它拍到了土星上一個令人迷惑的景象：北極地區的 6 邊形。第二年，「航海家 2 號」也經過了土星。

「先鋒號」和「航海家號」都不以土星為主要探索目標，這些「順訪者」行色匆匆，來有影去無蹤。但它們從土星得到的訊息，卻帶給人們更多的疑問，也大大激發了科學家們對土星大家庭的興趣，極力要弄清楚這片神祕而遼闊的區域。

1997 年，「卡西尼—惠更斯號」土星探測器從美國佛羅里達州升空，這是人類迄今為止發射的規模最大、複雜程度最高的行星探測器，多國合作，耗資巨大，設計 10 年，計畫周密。升空之後走過了 7 年的漫漫長途，繞過金星、地球和木星，獲得多次「引力助推」，方才於 2004 年 7 月到達土星周圍。

「卡西尼—惠更斯號」外形龐大，攜帶 10 幾臺科學儀器，加上燃料總質量超過 5,700kg，即使當時推力最大的火箭，也無法使其加速到能夠直飛土星。如果考慮靠攜帶更多的燃料，沿途加速，實現 7 年內抵達火星的辦法，光燃料就得 70t，那就更找不出火箭來推它上天了！這一次，自然又是行星間的「引力助推」為我們解決了問題，圖 24-2 顯示了科學家們為這個 5,700kg 的龐然大物設計的「智慧軌道」，整個軌道利用了 4 次引力助推來加速太空船。

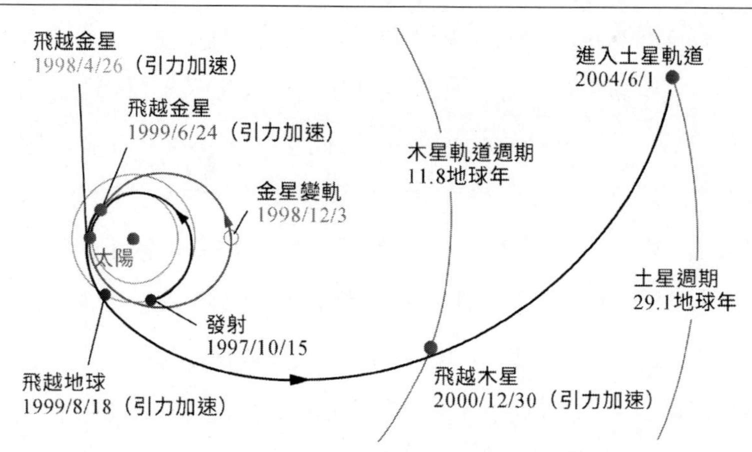

圖 24-2 「卡西尼—惠更斯號」土星探測器飛向土星的軌道（圖片來源： NASA）

這個探測計畫由 2 部分組成：一旦到達土星軌道範圍之後，「惠更斯號」探測器便與主軌道器「卡西尼號」分離，軌道器環繞土星及其衛星連續不斷地繞圈，「惠更斯號」則衝向它感興趣的土衛六，見圖 24-3。

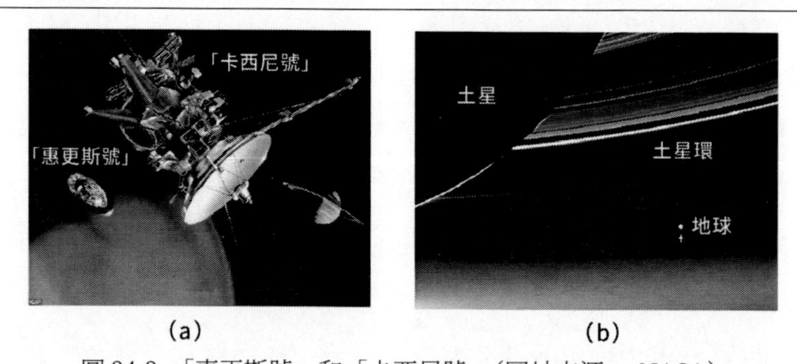

圖 24-3 「惠更斯號」和「卡西尼號」（圖片來源： NASA）
(a)「惠更斯號」與「卡西尼號」分離；(b)「卡西尼號」在土星光環附近「回望」地球

3. 泰坦：早期地球

為什麼選中土衛六泰坦呢？不僅是因為土衛六最大，還因為早期的探測（早到 1943 年），發現土衛六擁有濃厚的大氣層，在「航海家 1 號」接近土衛六的過程中，又證實了可見光難以穿過它的大氣層。那麼，土衛六大氣層的成分到底如何？與地球大氣層有何異同？雲層下面有怎樣的地貌？是否覆蓋液態物質？有無產生生命的條件？要回答這些謎中之謎，看來有必要派一個探測器「鑽進」土衛六的大氣層中，當然最好還能降落在它的表面上。雖然土星是個無法「登陸」的氣體巨星球，但土衛六應該是可以登上去的。惠更斯在 1655 年發現了土星這顆最大的衛星，350 年過去了，對它怎麼能仍然一無所知呢？所以，讓機器人「惠更斯」去一探究竟，完成這個光榮的使命吧！

2004 年底，「卡西尼號」對準土衛六，拋出一個圓圓的飛碟 ——「惠更斯號」探測器。雖然「惠更斯號」專為登陸土星六而研製，有隔熱板保護，使其免遭大氣層的高溫損傷，但卻很難保證一定能「安全」著陸到一個未知世界。不過，「惠更斯號」不負眾望，一個多月後，進入土衛六大氣層，成功地在土衛六上實現了軟著陸，成為第一艘在太陽系較外側天體上著陸的人造飛船。

「惠更斯號」的降落過程長達 2 小時 27 分鐘，如果土衛六上有高等生物的話，他們會看到一幅從未見過的有趣景象：遠遠的天邊飛來一個碟狀物！接著，大概到地表上方 170km 左右，它撐開了一把降落傘，看起來慢慢地、悠閒自在地，一邊在橘黃色霧霾的天空中漂移，一邊忙於拍照。它用 6 臺科學儀器不斷地測試，包括測量周圍的風速及壓力，分析土衛六大氣層氣體，並將得到的數據發回給它的「朋友」「卡西尼號」，圖 24-4 是藝術家畫的「惠更斯號」登陸土衛六時的想像圖。

「惠更斯號」慢慢下降到低於 50km 的高度了，突然，探測器上發出一道白光，照亮了原本暗紅色的地表，這是「惠更斯號」的地表照相機及測量儀器要開始工作了！它們將拍攝土衛六表面的照片，測量表面附近的溫度、氣壓，對表面的物質進行光譜分析等，最後，「惠更斯號」以每秒只有數公尺的輕緩速度，軟軟地著「陸」。周圍並不是希望中的海洋，它有氣無力地躺倒在土衛六一片「坑坑窪窪」遍布鵝卵石的泥灘表面上。

圖 24-4 「惠更斯號」著陸土衛六

工作還沒結束，「惠更斯號」趕緊和主航行器聯繫，進行了 10 分鐘左右的通話後，它在土衛六上大約「存活」了 90 分鐘，最後終因電池耗盡而「犧牲」了。

不過，接下來的 10 幾年裡，「卡西尼」主探測器陸續傳回有關土衛六的資料，它的紅外相機向我們展現出土衛六表面朦朧的景色，它能穿透煙霧的雷達則提供了更清晰的圖像，它的離子和中子質譜儀發現了土衛六上有複雜的碳氫化合物 —— 一種有機物的蹤跡。

科學家們認為土衛六與生命出現之前的地球十分相似。它有河流、湖泊、海洋、降雨和風暴，不過這一切並非如地球是因為水的循環造成，卻是「甲烷循環」的結果。也就是說，貌似地球氣象的土衛六上，下的是「甲烷雨」，漲的是「甲烷潮」。土衛六大氣成分有與地球大氣類似之處：主要是氮氣。但土衛六大氣中沒有氧氣，第二多的成分是甲烷，這正好符合科學家們預言的地球早期生命演化過程中的情形。因此，對土衛六的探測和研究，將有助於揭示地球生命誕生之謎。

「卡西尼號」還發現，在這顆被濃霧環繞的衛星的厚厚冰殼之下，擁有一個晃動著的全球性海洋。從土衛六表面拍攝到流動的液態溝渠，造成的陡峭峽谷，頗似美國亞利桑那州沿科羅拉多河一帶的風光。土衛六擁有許多與地球相似的地質過程。這些過程產生了甲烷雨，它們沖刷出河道，形成湖泊和海洋，其中積蓄著液態的甲烷和乙烷。

4. 土衛五、土衛八和土衛二

「卡西尼號」對土衛五（圖 24-5（b））有兩個驚人的發現：一是它的大氣主要成分是氧氣和二氧化碳，兩者的比例約為 5：2。與地球相比，土衛五的大氣非常稀薄，但無論如何，這是首次在地球以外的星球上，發現存在以氧氣為主的大氣。對土衛五的第二個有趣的發現，是它擁有一個稀薄的環帶（麗亞環），由 3 條密度較高的細環帶構成，這也是人類首次在星系的衛星中，發現衛星環帶系統，但麗亞環非常稀薄，尚未從照片影像證實。

土衛八是衛星中最別緻的一顆，幾百年前被人類發現的時候，卡西尼就觀察到它總是一半黑、一半亮，長著一張「陰陽臉」。這個事實如今被「卡西尼號」多次的近距離觀察所證實。科學家解釋，陰陽臉的形成原因，是因為隕石撞擊形成的溫差在演化過程中熱效應正反饋的原因。此外，「卡西尼號」還發現土衛八中間赤道附近有一條神奇的分界線，見圖 24-5（a）。

土衛二是諸多土星衛星中重要的探測目標之一，原因是發現其上存在液態水，這是生命最需要的基本元素之一。人類飛向太空總是暗藏一個「移民」的潛在目的，水星和金星離太陽太近，溫度高，顯然不是一個合適的居住之地。火星及類木行星的幾個衛星，成為可能的候選者。因此，每當太空探索中發現與生命相關之事，都會引起人們一陣激動。

在土衛二上發現巨型冰噴泉後，設計者對「卡西尼號」的探測計畫進行了徹底地重新規劃，以便它能夠將「噴泉」看個清楚。「卡西尼號」之後發現，土衛二的地下可能有全球性海洋存在。2014 年 4 月 3 日，NASA 的科學家宣布，土衛二南極地底存在液態水海洋，使土衛二成為太陽系有可能存在生物的星球之一。如今，「卡西尼號」還剩 1 年左右的壽命，也許還將給我們帶來意外之喜，讓我們拭目以待。

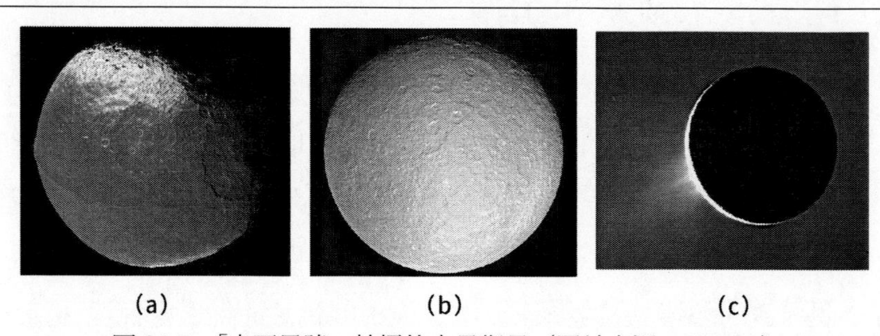

(a)　(b)　(c)

圖 24-5　「卡西尼號」拍攝的土星衛星（圖片來源： NASA）
（a）土衛八的「陰陽臉」和赤道脊；（b）土衛五；（c）土衛二噴流中含液態水

5. 神祕的土星北極 6 邊形

土星以神奇的光環著稱。「航海家號」又發現它有另一個非常鮮明的特點。在土星的北極，存在一個超級風暴圈。「卡西尼號」探測器傳回的圖像顯示了這個風暴的詭異之處 —— 這個超級風暴與地球的圓形風暴不同，呈現的是 6 邊形（圖 24-6）。

這是一個名副其實的巨大超級風暴，6 邊形的直徑比地球直徑的 3 倍還大，一股氣流沿著 6 邊形的邊緣快速流動。風暴中心是漩渦形成的嚇人「風眼」，比地球上風暴的風眼要大 50 倍。而且，地球上的風暴只持續 1 週或 10 幾天左右，而土星上的這個北極風暴，從發現至今，已經存在幾 10 年了，或許它已經存在幾百年或更久，沒人知道。

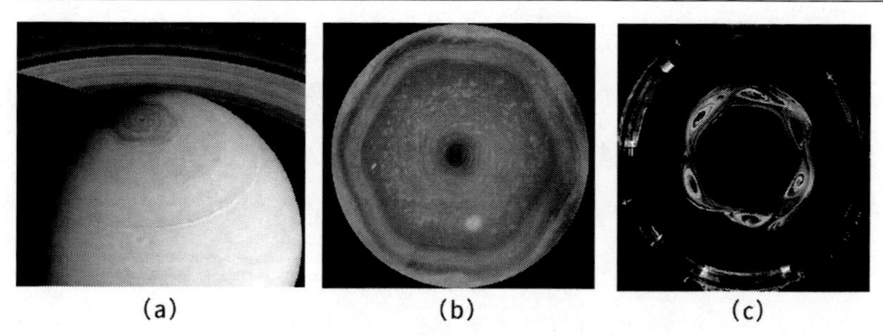

圖 24-6　土星北極的 6 邊形漩渦（圖片來源：NASA）
(a)「航海家號」拍到的土星北極 6 邊形漩渦；(b) 2013 年「卡西尼號」拍到的近距離彩色影像；(c) 流體力學實驗中的模擬

這個 6 角形雲可以隨土星的自轉一起旋轉。在環繞北極的風暴中，還伴隨著旋轉方向與 6 邊形雲帶相反的小型漩渦。另外，土星南極也有風暴和風眼，但卻沒有 6 邊形。物理學家們感興趣的是，這個奇怪的 6 邊形風暴是如何形成的？為什麼會如此穩定？為什麼只在北極才有 6 邊形？對此人們提出多種解釋，但至今仍無定論。

有人認為 6 邊形雲的穩定性可能與土星缺乏固體地形有關，地球上的風暴在遭遇地貌產生的摩擦後，會被打亂，而土星實際上是一個龐大的氣體球，所以風暴形態不容易變化。

6 邊形的形成則可以用流體運動的規律以及湍流理論來解釋（圖 24-6（c））。不過，如何正確描述湍流的性質，至今仍然是物理學中的一個重大難題。地球南極的臭氧空洞也呈現 6 邊形形狀，因此也有科學家將土星北極的 6 邊形與此聯想在一起。

其實，漩渦流體形成多邊形圖案也是大自然中常見的現象。6 邊形更是自然界裡最常見的對稱圖案，水結晶形成各種雪花的圖案不都是 6 角對稱的嗎？不過，出現在土星這樣巨大的天體上，還如此穩定的圖像，仍然令人吃驚，總得有個合理的模型來解釋吧！因此，牛津大學等處的科學家們使用旋轉圓形汽缸模擬土星大氣環境 [32]，觀察是否能製造出這種奇異的流體模型，結果發現，隨著自轉速率的提高，當液體中心和周邊以不同的速度旋轉時，上層氣流形成了多邊形模樣，其中最常見的是6邊，但也形成了從3邊到8邊的其他圖案，並在具有不同速度的兩個不同的旋轉流體之間，形成湍流區域。這些實驗說明土星北極的6邊形風暴，與土星的自轉速率存在關係。

「卡西尼號」長達12年的探測過程中，當然不會忘記研究土星最迷人的神祕光環。它發現土星環遠遠不是文人騷客們想像和描述的那麼溫柔安詳，而是一個充滿了變化和動態的世界。

第 25 節
木星周圍伴侶多　土星腰間環帶美

當伽利略第一次把自製的望遠鏡指向天空時，該是如何地激動。我們現代人可能很難體會他當時的心境。的確很了不起，身為人類的普通一員，能夠第一次欣賞到這麼多的「地球之外」的美麗，足夠引為自傲了！

1612 年的伽利略很生氣，因為他從 2 年前就一直觀察到的土星「兩個耳朵」突然消失不見了！這個倒楣的事件甚至使他在這一年宣布「放棄」對土星的觀測，將他的望遠鏡指向了別的星球。但公開宣稱的「放棄」並不等於絕對不看，科學家的好奇心畢竟強過自尊心，況且，伽利略在潛意識中堅信土星的那兩個耳朵一定會再回來的，所以經常還是偷偷地往那個方向「瞄上一眼」。果然不出伽利略所料，1616 年，「耳朵」又回來了，是什麼原因呢？驚喜之下又帶給這位物理大師無盡的困惑……。

1. 複雜多變的土星環

從現代天文學的觀點，是很容易解決伽利略的困惑的。人類早就知道伽利略看到的不是什麼「土星耳朵」，而是如今人人皆知的「土星環」。土星和土星環都在不停地運動，這個薄薄的環面相對於地球觀察者的角度也在變化，如圖25-1(b) 所示，當環面比較「正面」地朝著地球，人類看到圓盤的大部分；當環面側面對地球的時候，從地球上看起來是一條線。伽利略望遠鏡的分辨率不夠高，將正環面都看成了「耳朵」，當然更不可能看見這條細線，所以產生了「耳朵消失又回來」的錯覺。土星繞著太陽公轉的週期是 29.45 年，其中有 2 次側對地球，因此，地球觀察者觀測到土星環形狀變化的週期是 15 年左右。

圖 25-1　地球人觀察土星環（圖片來源： NASA）
（a）人類觀測到土星環景象的歷史變遷；（b）從地球上看土星環消失（約 15 年）

圖 25-1（a）顯示人類對土星環了解的歷史變遷，惠更斯在繼伽利略看到「耳朵」的 50 年後，使用更大的望遠鏡，意識到那是與土星分離、圍繞在土星周圍的一個「環」。又過了 10 幾年，卡西尼不僅確定了這是個環，還看清楚了環不止一個，起碼是由中間夾著一條窄縫的兩個圓盤狀、又薄又平的「分環」組成的。為紀念卡西尼的發現，後人將這條分開 A、 B 2 環之間的狹縫命名為「卡西尼縫」。到了 2006 年，由「卡西尼一惠更斯號」土星探測器拍攝的土星環照片，進行一定的強度色彩處理後，是一幅既美麗浪漫，又精緻詳細的「童話」似圖案。

然而，你要是坐在「卡西尼號」上，真正在近處把美麗的土星光環仔細看個一清二楚，心中的童話世界可能會破滅！那個看起來細薄如光碟、縹緲如輕紗般的「環」，原來是由大量冷冰冰、硬邦邦的塵埃、冰粒和石塊組成的。近距離看，毫無美麗浪漫可言（圖 25-2（a））。而且，在太空中飄蕩的「卡西尼號」還得小心地防止被這些大石塊「砸死」。

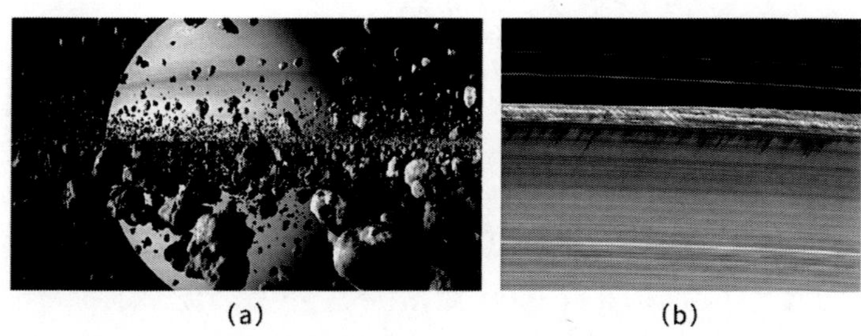

圖 25-2 「卡西尼號」觀察到的土星環（圖片來源： NASA）
(a) 土星環由冰粒和石塊構成；(b) 陰影中看出 B 環的垂直結構

如此看來，土星環並不是一個真正的「固態環」，就像銀河不是「河」一樣，看不清楚時才把它們描述成「河」或「環」。第一個意識到土星環不是一個整體環的人，是馬克士威（James Clerk Maxwell）。那時候的馬克士威還年輕，20 幾歲，尚未成為「電磁學之父」。他開始研究土星環，是因為之前大多數科學家公認的「土星環固體模型」遭遇困難了。行星邊上一個均勻剛性環的運動，在動力學上是不穩定的，任何輕微的擾動都會導致環分崩離析並落向土星。馬克士威仔細地研究了各種固體環模型的穩定性條件，經過對引力和離心力的嚴格數學計算，排除了土星環的整體「固態模型」和「液態模型」，確定穩定的土星環成分只有一種可能性：由數個可分離的部分（小固體碎片）聚集而成。

根據我們對土星的最新了解，土星環是由 A ～ G 7 個主要環帶組成的，其中的 A、 B、 C……是以發現的順序命名。

陸續被發現的眾多環中，B 環是最為顯眼的，其上最明亮的部分就應該是當年伽利略認為和土星貼在一起的「耳朵」。A 環的亮度次之。在 B 環以內，是後來發現的、較黯淡的 C 環和 D 環。F 環於 1979 年被「先鋒 11 號」發現，照片上看起來像一條細細的鐵絲圈，嵌在 A 環的外側邊緣。但實際上，它位於 A 環的 3,000km 之外，非常細小和密集，只有數百公尺寬。F 環是太陽系中最活躍的行星環，貌似是簡單的一條線，實際上卻具有數個小環互相糾纏形成的複雜結構，其結構以小時的時間尺度變化。G 環是非常薄與黯淡的環，E 環位於最外層，散布寬廣，開始於土衛一，結束處已經達到土衛五的軌道附近。

除了 7 個主環外，其間還有許多小環帶和狹縫，可謂是環中有縫，縫中有環，環縫相扣，趣味無窮。此外，即使你從「卡西尼號」上面觀測，也不能否定這個環的確是特別「薄」！它的直徑不小於 250,000km，厚度卻頂多只有 1.5km 左右。「卡西尼號」還觀測到在薄薄的垂直（厚度）方向上，也存在一定的「結構」。這點不難理解，既然這些「環」並非剛性固體，其中的冰塊及碎片必定處於不停的運動中，這些運動主要是被行星等的引力所主宰，一定的條件下也有電磁力發揮作用。運動的方向除了受旁邊的行星、衛星等軌道運動的影響之外（下面會介紹），朝著四面八方，包括與環面垂直方向的隨機運動在所難免，從而造成了豎直方向上的「結構」。結構具體細節，形成的原因以及遵循的規律，都是天體物理學家們研究的對象。

2. 太陽系有多少「行星環」

望遠鏡是人類視力向太空的延伸，僅憑人的眼睛很難觀察到土星環。伽利略、惠更斯等人借助越來越大的望遠鏡，證實了土星環的存在。那麼，太陽系中其他行星是否也有環呢？在 1990 年代末期，天文學家陸續發現了天王星、海王星、木星等氣態行星都有圍繞它們的「環」，且每一個行星環都不一樣，各具特色（圖 25-3 和圖 25-4）。冥王星是否帶環？還尚無定論，也許「新視野號」對它的探測會給我們一個意外的驚喜。

有趣的是，土星的一個衛星 —— 土衛五也可能有一個稀薄的環系統，見圖 25-5。這是太陽系中迄今為止發現的唯一一個（可能）帶環的衛星。

以上說麗亞（土衛五又稱為麗亞）環系統「可能存在」，是因為尚未有被拍攝到的影像直接證實，而是根據其他物理現象得到的推論。在 2005 年，「卡西尼號」發現土星的磁氣層在土衛五附近有高能量的電子。有人認為最好的解釋，就是假設土衛五的赤道附近，存在盤面狀的「環」，能夠將電子吸附在其中的固體物體上。如果按照這個模型來解釋磁氣層的電子問題，這些相對密集物體的大小，可能從幾公分到 1 公尺左右，而可能的環面則有 3 個。

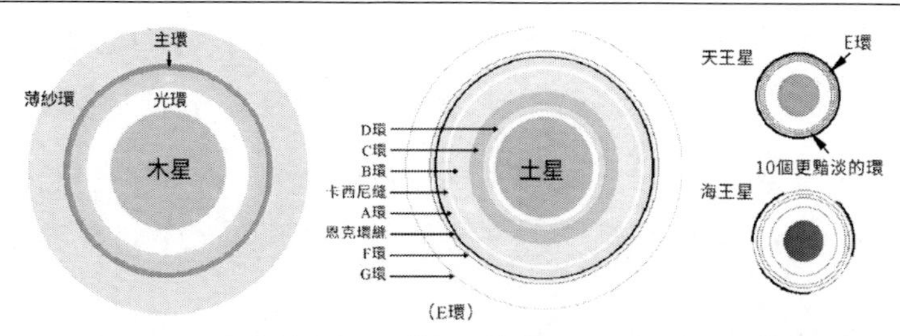

圖 25-3　4 大外圍行星「環」的複雜程度及大小之比較
註：土星 E 環在 G 環之外，延續很寬，本圖不便呈現。

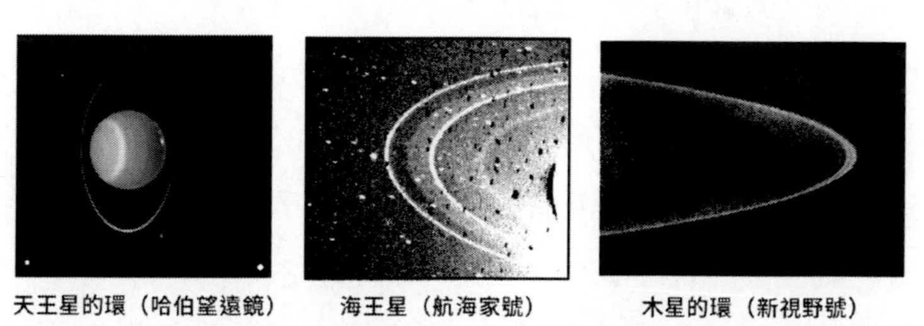

圖 25-4　太陽系的氣態行星和它們的行星環（圖片來源： NASA）

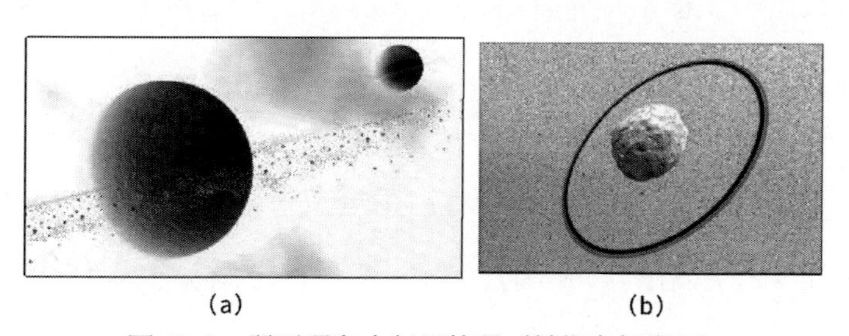

圖 25-5　麗亞環和小行星的環（藝術家想像圖）
（a）土衛五的「麗亞環」；（b）查理洛（Chariklo）的行星環

2014 年，巴西國家天文臺公布一項新發現：土星與天王星之間的一個名為 Chariklo（中文名「女凱龍星」，或「查理洛」）的小行星周圍，環繞著一個行星環。這是人類首次在太陽系內部發現的小行星環系統，其中包含 2 道狹窄但密集的環，寬度分別為 6 ～ 7km 和 2 ～ 4km，相距 9km 左右。查理洛小行星直徑只有 260km，是太陽系的「帶環者」中個頭最小的天體。不過，查理洛在半人馬小行星中算是大的。

麗亞環和查理洛環的發現帶給天文學家們驚喜，方知道不僅僅大行星有環，小行星或衛星也可以有環。那麼，什麼樣的天體可能會攜帶環系統？行星環是如何形成的？行星環為什麼能穩定地存在，不會四處散開？這其中有哪些物理規律在發揮作用？希望下面的介紹能夠為你解答部分疑惑。

3. 行星環從何而來

上面說到，美麗的行星環細看時好像失去了美感。但實際上，在天文學家的眼中不是這樣的，你看得越清楚，就對它越著迷，他們看到的不是乾癟的石頭，而是美妙多變的「西施」。此外，如果你仔細研究行星環的形成過程、運動規律，你更會被其中的物理及數學之美所震撼！越深入下去，便越體會到科學的無限趣味和理論之美。

行星環的形成過程可以用第 16 節中所介紹的洛希極限來解釋（圖 16-2）。行星周圍經常有運動到它附近的隕石、小行星等天體，當某物體逐漸向行星靠近，與行星的距離小於洛希極限時，這個物體各個部分聚集在一塊的自身引力，抵擋不了行星對它各部分的不同引力效應。也就是說，因為行星對該物體各部分引力之不同，將產生巨大的潮汐力，使物體不能保持原有的形狀而瓦解。小物體被撕裂成小塊，這些更小的部分或微粒因為互相碰撞而具有不同的速度，最後被行星俘獲，繞其旋轉，形成行星環。

4. 行星環為什麼能穩定

洛希極限說明了在一定的條件下，衛星將崩潰成碎片，從而有可能形成行星環。然而，形成行星環後，儘管環中的碎片和冰塊互相不停地碰撞，但是整個環卻能保持一個穩定的形狀而圍繞行星旋轉。為什麼這些碎片不四處散開，而能長年累月地聚集在環中呢？這個問題很複雜，對不同的環可能有不同的答案。在對土星環的研究中，科學家們發現一個很奇特的現象：環的穩定性與附近某個（或兩個）衛星的運動緊密相關。

換言之，行星環看起來「穩定」的形態，是與離它不遠的某些衛星的運動有關。天文學家將此類衛星叫「守望者衛星」，或「牧羊犬衛星」。它們充當「環場指揮」的角色，像是放牧時，奔跑於羊群周圍負責警衛的牧羊犬，又像是帶領一群孩子到野外郊遊時，維持秩序、避免小孩丟失的幼兒園老師。當環中某個「不守規矩」的物體企圖衝到「環」外時，「牧羊犬衛星」可以利用自身的、相對而言較大的引力，將這個「頑皮分子」拉回隊伍中！

「牧羊犬衛星」一般是行星衛星中個頭偏中等的，這也是天體間「引力競爭」的結果。更大的衛星不屑「牧羊」，自己獨成一體；太小的衛星，引力不足以管理別人，有時還會被環中的物體偷襲，撞擊出的更小碎片，往往反過來成為環中物質的來源。不過，土衛二是個反例，它的質量夠大，卻是 E 環的物質來源。

土星環的結構複雜，發現的「牧羊犬衛星」已經有好幾個。以土星那條細細的 F 環為例，在它的內圈和外圈，分別有 2 顆牧羊犬衛星：土衛十六（普羅米修斯）和土衛十七（潘朵拉），見圖 25-6 和圖 25-7。

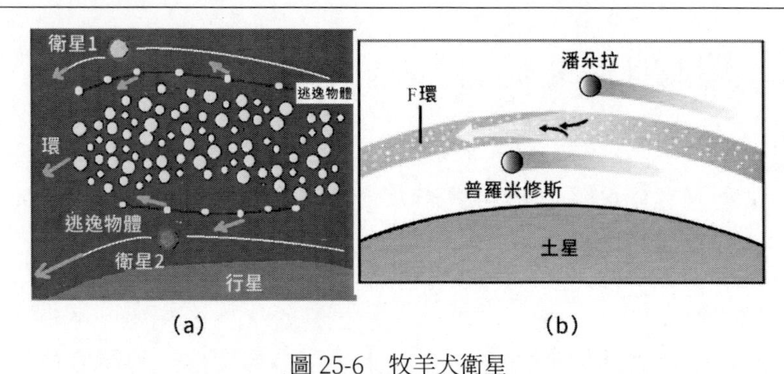

圖 25-6　牧羊犬衛星
(a) 牧羊犬衛星原理；(b) 土星 F 環和牧羊犬衛星

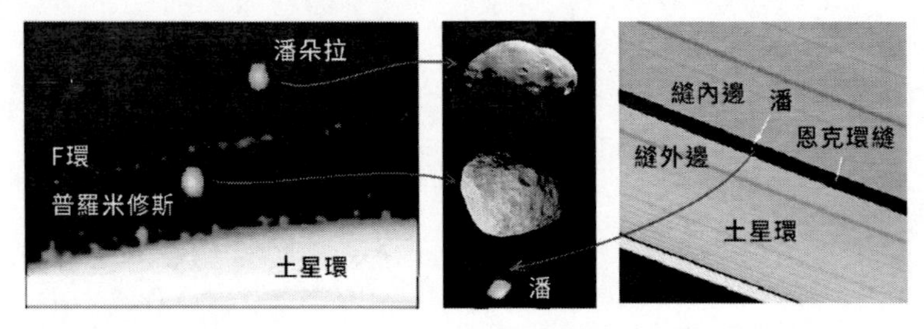

圖 25-7　普羅米修斯和潘朵拉守護 F 環，潘守衛恩克環縫（圖片來源： NASA）

普羅米修斯的直徑只有86km左右，在F環的內圈，公轉的速度（週期 0.61 天）比外圈大小相仿的潘朵拉（直徑 100km，週期 0.63 天）更快。而 F 環內物體的速度則介於 2 顆牧羊犬衛星的速度之間。

行星環中的物體（粒子）經常會互相碰撞。比如像比較密集的土星 B 環，環繞土星一圈的過程中，應該要撞上好幾回，能量和角動量都因為這些碰撞而散失和重新分配。F 環雖然更稀疏，也免不了碰撞。其中的具體力學過程很複雜，但因為內圈的粒子跑得比外圈更快，碰撞的結果會降低內圈粒子的速度，使它沒有足夠的離心力維持原有的軌道，而墜入行星。反之，外圈因得到能量而逃逸行星。看起來，整體效果將會使原本的環向內外散開。不過，粒子互相散開需要時間，不是立即就發生的過程。當它們還來不及散開的時候，牧羊犬衛星過來了，它們的引力比環內粒子的引力大很多。如圖 25-6 所示，內部的普羅米修斯將內圈要墜毀的粒子拉住，向行星之外推，潘朵拉的引力則將外圈想逃逸的粒子抓回來。總體看來，便達到了「守護羊群」、避免散失的效果。奇怪的是，牧羊犬衛星對環中粒子的引力所產生的影響有點類似某種「排斥」：將軌道比它更「內」的粒子向內推，將軌道比它更「外」的粒子向外推，都是推向衛星自己軌道的反方向。

由上所述，普羅米修斯和潘朵拉「一內一外」守護著 F 環中的「羊群」，還有另一個有趣的衛星「土衛十八（潘）」，則守衛著一條縫（恩克環縫），見圖 25-7（b）。潘的直徑只有 20km，公轉週期 0.58 天。就動力學原理而言，守護「縫」與守護「環」的道理是類似的，不必在此贅述。也就是將內環（或外環）的粒子向自己軌道的反方向推，因而便「清掃」出一條縫來，使得恩克環縫的寬度維持在 300km 左右。

我們對行星環的物理機制仍然知之甚少，有待進一步的觀測數據和理論模型。例如，「卡西尼號」發回的最新資料，與剛才的說法就有點不同。對 F 環而言，產生守護作用的似乎主要是普羅米修斯，沒有看出多少潘朵拉對 F 環的影響。普羅米修斯的運動不僅警衛 F 環中的粒子，還改變 F 環的形狀，見圖 25-8。普羅米修斯也並不是規規矩矩地只在 F 環以內、自己的軌道上運轉，有時還穿到F環的粒子中間去，是個十分有趣的「牧羊犬」。

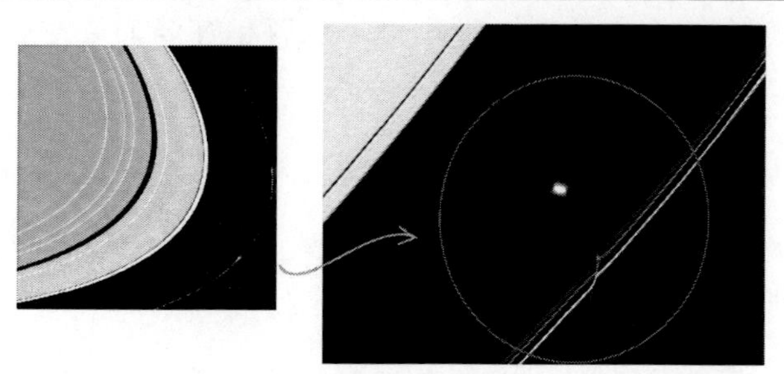

圖 25-8　普羅米修斯對 F 環的扭曲（「卡西尼號」）（圖片來源： NASA）

第 26 節
夢想殖民火星　大難臨頭逃生

人類總有夢想，古人夢到嫦娥奔月，現代人夢想殖民火星。「奔月」表達了人類的好奇心和探索宇宙的美好願望，「殖民」聽起來就有點赤裸了，暴露了人類「征服」的慾望和貪婪的本性。也許可以說得好聽一點，將「殖民」改成「移民」，表示出於人類對地球未來命運的擔憂。總而言之，「殖民火星」的正面意思是，地球人想為自己尋找另一個可以「移居」的家園，以防萬一地球發生災難時，有地方逃生。

1. 地球未來的災難

世界上沒有萬無一失的事情，雖然沒有人能真正預言所謂的「世界末日」，但地球發生毀滅性災難的可能性也總是存在。所謂天災人禍，避開「人禍」不談，從地球誕生到現在 46 億年左右的時間，地球上生命所經歷的自然災難也不少，包括超級地震、火山爆發、洪水泛濫等。

地球將來也有超級火山爆發以及大地震的可能性，地球上曾遭遇過至少 6 次毀滅性的火山爆發。近年來，學界和媒體討論比較多的是黃石公園地下超級火山爆發的可能性。黃石公園火山目前處於活動期。根據歷史上對該火山爆發週期的研究，大爆發分別發生於 200 萬年、130 萬年、64 萬年之前。看起來週期是 65 萬～ 70 萬年，那麼現在又差不多到了它的噴發時間。美國西部加州附近，位於太平洋底部的卡斯卡底斷層，如果發生斷裂，則有可能引發規模 9.0 級以上的超強地震，大地震之後通常伴隨著巨大的海嘯。地球這些累積數年壓力而造成的隱患，一旦發生，就不是局限於某個國家和地區的問題，而是有可能對地球人類整體造成毀滅性的災難。

地球災難也是許多科學家致力研究的重點，每一個領域的科學家對災難的認知不一樣，天文學家對此有什麼說法呢？

地球是太陽系的一員，它的生存依賴太陽。恆星演化有其固有的週期，也有意料不到的情況。根據現代天文學的理論，太陽的溫度在逐漸升高，50 億年後，會變成一顆紅巨星。在這期間，太陽內部的物質以及周圍的電磁場，都處於激烈的運動和變化中，也許會發生一些突發事件，在地球引起意料不到的災難。比如，筆者之前的文章中介紹過的「太陽風」。太陽風的大小與太陽黑子的活動有關，黑子活動高峰時的太陽風，攜帶著大量高速粒子流，有可能完全破壞地球的磁場，對人類形成致命的威脅。

此外，宇宙太空中充滿了各式各樣的天體，太陽系中有數百萬顆小行星，此外還有彗星、流星、太空碎片等，其中有一部分小天體的運行軌道與地球軌道有可能交叉，天文學家們將此類可能與地球距離很近的天體叫「近地天體」。當某個近地天體的體積及質量足夠大時，如果與地球相撞，便會為地球帶來災難。評估這些天體與地球發生碰撞的可能性，是現今天文學研究的一個熱門主題，因為這是與地球未來生存有關的問題。

別小看小行星撞擊地球的力量，如果有一顆直徑超過 45m 的小行星擊中倫敦，將能使整個歐洲毀滅。一顆直徑 10km 大小的天體，可能會將地球的大部分夷為平地。天文學家們估計，大約有 1,500 顆直徑 1km 大小的小行星，已經或正在掠過地球的軌道。經過計算，人們認為每隔 50 萬年左右，就會有一顆直徑大約 1km 的小行星撞擊地球一次。

就在幾年前，2013 年 2 月 15 日，俄羅斯車里雅賓斯克市發生過一起隕石撞擊事件。隕石進入大氣層時直徑約 15m，質量約 7,000t，在天空中留下大約 10km 長的軌跡。據說主要的碎片落到了湖中，但因為碎玻璃和建築物的震動，仍然造成 1,491 人受傷。由此事件可知，小天體撞擊地球是現實中可能發生的，不可小覷。

天文學家們也估算被稱為「太空吸塵器」的黑洞，其吞噬地球的可能性。黑洞是宇宙中一部分恆星的最後歸宿，數量將越來越多，地球被此「吸塵器」吞沒的可能性也越來越大。另外，宇宙中還存在很多不可抗力和未解之謎，這些都有可能影響地球未來的命運。

還有可能存在「外星人」。一旦某種「地外文明」發現我們的地球是如此適合高等生物居住，人類將可能無法阻止被殖民！對此，可以想想哥倫布當年發現新大陸後的事件，便能理解，與其被殖民，不如先考慮如何殖民別的星球。

所以，我們並不完全是杞人憂天，地球的確面臨各種可能的災難。因此，物理學家霍金說：「人類不應該將所有的雞蛋都放在一個籃子裡，或一個星球上。希望我們可以將籃子容量擴大後，再將其扔掉。」既然人類現在已經有一定的太空知識和太空探險能力，理所當然地應該考察一下移民外星球的可能性。

2. 尋找第二家園

哪些天體可以被人類考慮作為移民的對象呢？太陽系之外的星球距離我們太遠了，一下子去不了，人類發射的太空船中，迄今為止飛得最遠的「航海家 1 號」才剛剛離開太陽系。所以我們暫時只能先考慮太陽系內的天體。月亮離地球最近，當然位列第一，此外，離地球最近的行星是金星和火星，還有太陽系中行星的一些衛星，如土衛六、冥衛一等。

要尋找適合人類生存的天體，首先要考慮與太陽的距離，再來是天體表面的溫度，第三是大氣層，其中有無氧氣。大氣層也決定了星體表面的氣候。此外，還有一個頗為重要的因素，星體上有沒有水。

事實上，根據最新天文探測的結果，太陽系中存在「水」的星球還是不少的。比如，不久前 NASA 的太空船在水星和月球陰影下隕擊坑的坑內均發現了水冰存在的跡象。但是，像地球這樣在表面存在大量液態水的星球卻不多。地球軌道以內的行星離太陽太近，在太陽這個大火球的焚燒下，即使曾經有水，也被逐漸蒸發掉了。比如，離太陽最近的水星，它朝向太陽的一面，溫度達到 400°C以上。錫、鉛等金屬都會熔化，水則變成水蒸氣。而水星的體積很小，只和月亮相當，沒有足夠的引力將水蒸氣聚集周圍，大部分水蒸氣都散發到宇宙中去了。水星背向太陽的一面，長期不見陽光，溫度在 –173°C以下，所以也不太可能有液態水。

離太陽第二近的是金星。金星的結構和大小比較接近地球，因此有人稱金星是地球的孿生姐妹，但實際上這兩個星球只是「貌合神離」的姐妹，因為它們的環境相差很大。金星表面溫度很高（470°C左右），大氣壓力是地球的 90 倍，即使有少量液態水，也不會是一個適合人類生存的地方。

距離太陽更遠的行星中，木星和土星是氣態巨行星，更遠的天王星、海王星是冰巨行星，顯然都不適合居住。這些行星的幾個衛星，如木衛三、木衛二、木衛四、土衛二、土衛六，以及幾個小行星（比如穀神星），倒有可能存在冰下海洋等可居住條件，但還有待進一步考察和探索。

說實話，地球雖然不是像「地心說」所宣稱的宇宙中心，只是茫茫宇宙中的一顆「小塵埃」，但這個天體卻自有它得天獨厚之處。地球是一顆距離太陽不遠不近，大小和質量都恰到好處的星球，就它與太陽的距離而言，可算是太陽系中唯一處於「可居住地帶」的行星。而地球的質量大小使它剛好能保存合適的大氣層和大面積的海洋。如果地球質量太小，所有氣態（或液態）物質都會飛離，只剩下坑坑窪窪的固態表面，類似月球。如果質量太大也不行，大氣層會太厚，且充滿各種無用的氣體。現在的地球質量，恰好能吸引住大氣層中如氦氣、氧氣和二氧化碳這類較重的氣體，並與液態水海洋形成重要而必需的生化循環，促進生命繁衍，滋潤萬物生長。

基於上述種種因素，人類將「殖民星球」的目標，率先指向與地球最相似的火星。

那麼，為什麼我們不先考慮移民到月球上呢？月球的優勢是離地球最近，能夠最快到達，但它畢竟是一顆依賴地球的衛星。月亮與地球的命運息息相關，當地球發生災難時，月亮恐怕也難以生存。再者，月球的質量太小，靠它自身的引力，不足以擁有大氣層和足夠的自給自足水分及其他資源。想在月亮上生活，所需要的一切幾乎都必須從地球上供給。因此，月球頂多只能作為一個「轉運站」或「基地」，而不是殖民的目標。

(a)

(b)

圖 26-1　火星是太陽系中與地球最類似的星系（圖片來源： NASA）
(a) 地球和火星大小比較；(b)「維京 1 號」登陸器所拍攝到的火星表面

比較起來，還是火星的環境與地球比較接近，我們用數字來說明。火星是地球的「弟弟」，它的直徑只約為地球的一半，見圖 26-1（a），自轉週期為 24 小時 37 分鐘，只比地球多一點點。因此，1 個火星日只比 1 個地球日長 41 分鐘又 19 秒。當然，火星和地球的公轉週期是不一樣的，行星繞太陽的週期 T 與它離太陽的距離 a 有關係（T^2 正比於 a^3），因為轉動的離心力需要與引力相平衡。火星距離太陽大約是日地距離的 1.5 倍，可得到 1 火星年（公轉週期）約等於 1.88 地球年。火星的自轉軸相對於公轉軌道平面的傾斜角度約為 25.19°，也與地球的相當。自轉軸傾角決定了一年中四季的變化，使火星有類似地球的四季交替。但因為火星繞太陽公轉週期是地球的 1.88 倍，所以火星上四季的每一個季度，長度都大約為地球一季的 1.88 倍。

另外，火星的公轉軌道離心率為 0.093，比地球的 0.017 大很多。也就是說，火星軌道是一個更扁的橢圓，近日點和遠日點相差更大，這使一年四季中各季節的長度不一致。自轉軸傾角和軌道離心率的長期變化比地球大很多，由此造成氣候的長期變遷，火星表面的平均溫度比地球低30°C以上（人類移民過去要準備受寒了）！再者，火星比地球小很多，質量只有地球的 1/9，力氣太小，「抓不住」如地球那麼多的大氣，但還總算有一個既稀薄又寒冷、以二氧化碳為主的大氣層。火星的質量小，重力只有地球上重力的 30%，所以，你在火星上跳來跳去更容易多了。此外，火星有兩個形狀不規則、比月球小很多的天然衛星：火衛一和火衛二。它們的最長直徑各為27km和16km，而月球直徑是3,483.36km。

3. 探索火星的祕密

火星給早期人類的第一印象是一顆通紅而又亮麗的星星。古代華人以為它的表面一定是火熱火熱的，因而將它以「火」命名。西方人以為那上面正在發生火熱的戰爭，將其以戰神命名。但實際上，火星呈現紅色的原因不是因為溫度，而是因為火星表面有大量的氧化鐵沙塵，也就是一般我們看到鐵鏽的顏色。火星的岩石中含有較多的鐵質，火星上乾燥的氣候使岩石風化，鐵鏽色的沙礫四處飛揚，發展成覆蓋住全球的紅色沙塵暴，在地球人眼中，呈現出紅色的面貌。

這顆火紅的星球對人類有一種特殊的吸引力。人類從西元 1600 年就開始使用望遠鏡對火星進行觀測。隨著觀測技術的進步，人類對火星表面「看」得越來越清楚了，見圖 26-2。特別是每隔 26 個月，地球與火星之間的距離出現最小值，那時的太陽、地球、火星排列成一條直線，稱為火星「衝日」。這恰好為人類提供一個能好好觀察火星的時間窗口。

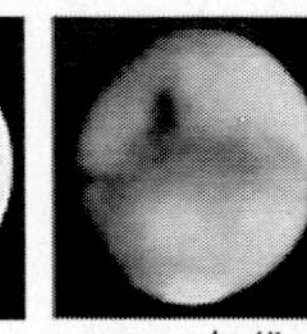
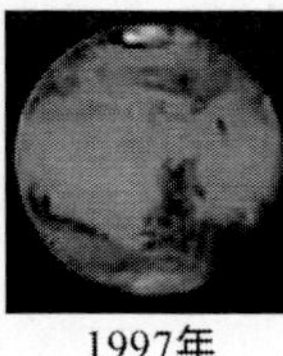
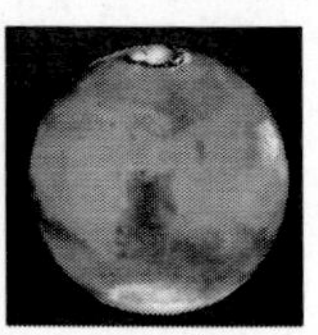

1659年　1898年　1960年代　1997年　2003年

圖 26-2　人類對火星表面認知的歷史變遷（圖片來源： NASA）

太空探險時代來臨以後，人類太空探險的目標首先指向月球，那是因為月球更近。除了月球，便輪到火星了！幾 10 年的太空探險史中，人類早就已經向火星發射大量探測器了。火箭先驅馮．布勞恩在 1948 年的《火星計畫》一書中，就設想用 1,000 支 3 節火箭建立一個包含 10 艘太空船的船隊。船隊可以運載 70 位太空人到火星執行任務。蘇聯和美國除了登月競賽之外，火星也是一大目標。但這條路上充滿坎坷，大約 2/3 的火星探測器 —— 特別是蘇聯早期發射的 —— 都沒有成功地完成使命。不過，到目前為止，仍然已有超過 30 枚探測器到達過火星，並發回了大量寶貴的資料 [33]。

美國的「水手 4 號」於 1964 年 12 月 28 日發射升空，是有史以來第一枚成功到達火星並發回數據的探測器。NASA 於 2011 年發射的「好奇號」火星探測車，於 2012 年降落在火星表面，現在已經辛苦地工作了近 1,600 天，發回了大量有用的數據。

目前，NASA 的專家們認為已經有確鑿的證據表明，有足夠的液態水曾經（30 多億年前）形成一片海洋，長期存在於火星的表面，幾乎覆蓋火星北半球一半的地表。據說「好奇號」發現了一片遠古河床，表明火星上曾經有過適宜生命生存的環境。可是後來不知什麼原因，這顆行星逐漸乾涸了，目前發現有一部分水留在火星極冠和地表以下。太空探測器的雷達資料顯示，火星兩極和中緯度地表下存在大量的水冰，並觀察到類似地下水湧出的現象。最近有消息說，探測器首次在火星大氣中捕捉到了氧原子存在的證據。

遠古的火星存在海洋！這是個十分有趣的消息。看起來，在十分遙遠的古代，地球上還沒有高等生物之前，火星上卻存在大量的液態水。那時的火星可能不是紅色的，而是綠色或藍色的，類似地球現在的樣子！我們還不妨進一步來點文學想像，實際上不少科幻作品早就已經想到了：那時的火星可能存在一個高度發達的「火星人文明社會」。發達到什麼程度呢？恐怕已經超過或相當於人類現在的水準，恐怕已經具備「殖民地球」的能力，正在準備改造地球，考慮大規模移民的過程中！然後，突然有一天，發生了連當時發達的火星人也控制不了的火星大災難。於是，火星上的生物滅絕、洪水泛濫、地貌改觀，火星成為一個無法居住的星球，所幸當初已經有少量火星人移居其他星球了，他們的命運如何呢？那就憑你的想像力任意馳騁了……。

圖 26-3 是「好奇號」在火星上拍攝的照片。圖 26-3（a）是「好奇號」的「自拍像」：一個結構頗為複雜而又「好奇」的太空船，悠然漫步在火星的紅色荒漠中。圖 26-3（b）則呈現火星上見到的太陽景象。落日時的畫面雖然簡單，可這其中也蘊藏著不少的物理道理。

圖 26-3 「好奇號」拍攝的火星（圖片來源：NASA）
(a)「好奇號」在火星上自拍的照片；(b)「好奇號」拍攝到火星地平線上的太陽

火星天空上的太陽要比地球上所見的更小，光線更黯淡。這兩點容易理解，因為火星與太陽的距離比地球更遠，大約為日地距離的1.5倍。越遠的光源看起來越小、越黯淡，這是常識。但是，我們在地球上看到的夕陽，會將天際染紅，怎麼在火星上的落日以及周圍天空，卻都變成淡藍色的呢？其原因也是和鐵鏽為主的沙塵有關。塵埃充斥於火星的大氣層中，紅光與黃光容易被這些塵土散射或吸收掉，而藍光則能更有效地穿過火星大氣層到達太空船的攝影鏡頭，因而使我們見識到一個與地球上看到的不一樣的「藍色太陽」。

總之，隨著人類科學技術的不斷進步，火星的祕密正在被逐步揭開。它現在的狀態與地球有相似之處，也有許多不同點，想移民火星，還得將它改造一番[34]。

4. 火星地球化

人類想在火星建立永久定居點，首先必須按照地球的生存環境來改造火星。儘管目前的火星並不適合人類居住，但不少人相信，火星的環境可透過已經能實現的人為方法來逐漸改變，且也提出了各種改造方法。然而，實現火星地球化不是一朝一夕的事，而是一個長期的過程，需要幾百，甚至上千年的功夫。比如，目前火星上的環境比地球極端得多，大部分動植物都無法生存，可能有部分微生物和地衣能生長繁殖。那麼，人類就得從種植、繁衍這些簡單的生物開始，向火星表皮土壤內引進細菌和策略性植物，一代又一代地，逐步建立形成一個人造的生物循環圈，依靠生物鏈的進化來進一步達到改變環境、改變大氣層厚度和成分的目的，使火星越來越適合高等生物的居住。

火星的大氣層非常稀薄，僅相當於地球大氣層的 0.7%，只可抵擋部分的太陽輻射和宇宙線。火星大氣層當中有 95%的二氧化碳和極少量的氧氣。氧氣不夠呼吸，二氧化碳的比例卻遠遠高於人類中毒的極限值。

因此，最開始移民的人類或太空人，只能在人造建築物或改造過的火星洞穴中生活，必須如同當前的太空飛行器一樣，配有壓力設備，維持足夠的氣壓。以上種種設備和方法，都需要能源才能得以維持。一開始可以考慮從地球帶燃料過去作為能源；為長遠之計，則需要考慮如何利用火星上的資源產生能量，或製造太陽能電池等方法。化學能、核能及太陽能，均可利用，關鍵是要考慮在火星的環境下，如何做到自給自足地利用這些能量，而不是長期依賴地球的原料供給。

目前，國際上有多個團體推動火星殖民，提出了各種方案和計畫[35]。加拿大和美國還建立了火星模擬研究站，在地球上模擬火星環境，進行研究。

第 27 節
太空之路不平坦　失誤釀成大災難

1. 魂繫太空 —— 航太史上的事故

太空探索的道路並不平坦。人類前進的步伐中，處處都有開拓者們拋灑下的血跡。太空是人類知識還很缺乏的疆域，事故和災難在所難免，犧牲的事時有發生。

太空探險的發展首先是基於火箭的研究，火箭的工作原理是依靠燃料燃燒釋放出的強大化學能來產生反衝力。燃料可以是固體（比如炸藥），或液體（比如汽油），讀者一看便知，這兩者都是有可能發生意外、容易爆炸的物質。

2. 第一位犧牲者

自從齊奧爾科夫斯基於 1903 年發表的論文《利用反作用力設施探索宇宙太空》奠定了火箭及太空探險的理論基礎之後，世界各地湧現出一批研究火箭的熱心追隨者，美國有戈達德，德國有火箭專家布勞恩的老師 —— 奧伯特。

但火箭發動機的研製歷史上，英雄、偉人固然有，但為之犧牲者也不乏其人。馬克思 · 法列爾（Max Valier）就是第一位犧牲者。

法列爾在大學時學物理，後因第一次世界大戰時，服務於奧匈帝國空軍而中斷學習。戰後他留在德國，為了聚集民間的力量，研製出實用的火箭，實現飛上太空的夢想，法列爾和一位航空工程師溫克勒一起，創建了「德國星際航行協會」，威利·李以及後來的布勞恩等，都一度成為其中活躍的骨幹分子。

協會的初衷是要研發及製造火箭而旅行太空，但太空之夢太遙遠、不現實，難以得到富商的贊助，所以協會缺乏資金。法列爾便想辦法說服一位既富有、又好大喜功的汽車製造商，鼓動他出資研究、製造火箭動力汽車，反正對汽車進行火箭發動機的研究也可以用在太空船上。在這個項目中，法列爾首先研製出一種固體火箭發動機，並將它安裝在汽車尾部，獲得了一定的成功。法列爾高興地駕駛著經他改造的火箭汽車，速度最高到達每小時 112km。這在當時是個了不起的進步，法列爾和那位商人都為此風光一時，見圖 27-1。

不過，法列爾很清楚，想將火箭發射上天，當時最好的選擇是效率高的液體火箭。所以，他便開始研製液氧和汽油作為推進劑的非冷卻式液體火箭發動機，尚未將發動機安裝到汽車上的靜態實驗，也獲得了一些初步成果。法列爾相信他能改進發動機，增大推力。但為了盡快得到下一步的研究經費，法列爾和助手加班工作到深夜，計劃將發動機安裝到汽車上進行表演。就在安裝後，表演之前的一次試車過程中，災難發生了，發動機發生爆炸，一塊碎鋼片擊中了正在駕駛汽車的法列爾主動脈。在救護人員趕到之前，法列爾便因失血過多而停止了呼吸，時年才 35 歲。

圖 27-1　法列爾和他的火箭汽車

法列爾雖然駕駛的是汽車，並非太空船，但他是為了實現星際航行的理想，研製液體火箭而犧牲的，人們認為這可以視為太空探險事業發展過程中的第一次犧牲。其實都無所謂，天國裡的法列爾早就該感到欣慰了，因為他對火箭研究的貢獻、他寫下的太空探險科普作品、他創建的星際航行協會，他的信念、他的理想、他的犧牲，都在歷史上留下了不可磨滅的印跡，加速了人類登陸月球、飛上太空的進程。

3. 犧牲人數最多的導彈試驗慘劇

1960 年 10 月 24 日，蘇聯發生了世界上最大規模的導彈實驗火災，直接奪走蘇聯砲兵主帥米特羅凡·伊萬諾維奇·涅德林（圖 27-2（a））和大約 100 位（或許更多，據說有 160 位）最高階的火箭專業技術專家和軍人的生命。

那正是美國和蘇聯激烈冷戰的時期，雙方在製造洲際彈道飛彈上較勁。蘇聯雖然在 1957 年就宣稱發射了世界第一枚洲際彈道飛彈 P-7，但那是科羅廖夫從太空探險角度設計的。作為導彈，其命中精度差，實戰價值不高。為了抗衡美國，蘇聯委派揚格利領導的「南方設計局」承擔了 P-16 導彈的研製工作。

(a)

(b)

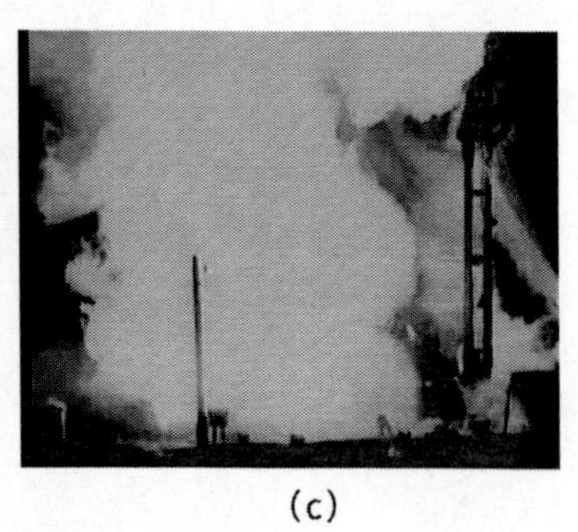
(c)

圖 27-2　涅德林災難

這天是 P-16 導彈的第一次試驗，3 天前，導彈已經被運到發射坪，並在一天半之前加注了燃料和壓縮氣體。但在例行檢查時，發現了幾個危險訊號：高溫隔膜有問題，引爆管也已經報廢。怎麼辦呢？導彈注滿液態燃料後不能儲存太久，這是液體火箭相對於固體火箭的缺點。如果取消這次發射，便意味著毀掉這枚導彈，在經濟上會蒙受巨大損失。況且，離慶祝「十月革命」紀念日只剩兩個星期了，莫斯科對此急不可耐，設計團隊當然也希望能為國慶日獻上一份重禮。因此，技術部門和軍方最後決定在不排放燃料的情況下，直接在發射陣地上盡量修復這些問題。發射時間延遲 1 天左右，至 10 月 24 日 19 點。

在茫茫沙漠的灰濛濛夜色中，負載著 140t 重、2 級彈體的白色火箭高聳入雲，顯得頗為壯觀（圖 27-2（b））。涅德林元帥大概不十分了解火箭試驗的危險性，就坐在離火箭發射臺 20m 左右的地方，幾百人屏住呼吸等待那激動人心的一刻。

時間像是停滯不前，災難卻突然從天而降。事後據當時在掩蔽室裡的一位倖存者描述：

「突然，某種類似爆炸的劇烈轟鳴聲傳進耳朵裡，我們飛也似的跑進控制室，看到軍官塔蘭和工程師巴比岳克目光呆滯，面如土色。我撲向朝外的觀察鏡，看到的是一幅令人毛骨悚然的景象：導彈已經完全被火焰吞噬，爆炸性燃燒如同雪崩般，發射陣地變成了噴火的地獄。」

大火在燒盡了火箭燃料之後，還持續了幾個小時，橫掃所有可燃之物，包括來不及逃走的生命，也將許多儀器設備化為灰燼。涅德林這位蘇維埃元帥、國防部副部長、衛國戰爭的英雄，葬身火海，連屍骨都找不到了，只有肩章和鑰匙等少量金屬物殘留下來。蘇聯對外宣稱涅德林死於飛機失事，並掩蓋這後來被稱為「涅德林災難」的事故真相幾 10 年，直到戈巴契夫時代。

事後調查認為：這次事故是因火箭的第二級在發射前因故障而提前點火（起火），造成燃料外洩而產生燃燒（再引起一連串的爆炸）而造成的。

4. 小火花成大禍

人們都記得美國「阿波羅 11 號」飛船第一次載人登上月球時的輝煌。第一個踏上月球的人是阿姆斯壯。當年（1969 年 7 月 21 日）他戰戰兢兢、小心翼翼地用左腳第一次踏上了月球。他在月亮上邁出的一小步，象徵著人類太空探險事業邁出的一大步。然而，並不是每個太空人都有如此好的運氣，「阿波羅計畫」的第一艘——「阿波羅 1 號」在 1967 年 1 月 27 日進行一次例行測試時，尚未發射就突然發生大火，致使 3 名優秀的太空人在 17 秒內喪生。他們是：古斯．葛利森（Gus Grissom，曾執行「水星—紅石 4 號」、「雙子星 3 號」以及「阿波羅 1 號」任務），指令長；愛德華．懷特（Edward White，曾執行「雙子星 4 號」以及「阿波羅 1 號」任務），高級駕駛員；羅傑．查菲（Roger B. Chaffee，曾執行「阿波羅 1 號」任務）（圖 27-3）。

圖 27-3 「阿波羅 1 號」

那是美國佛羅里達州卡納維拉角 34 號發射臺。「阿波羅 1 號」並不是要在當天發射，發射日定於 20 多天之後。那天的測試任務很簡單，叫「拔除插頭」測試。目的是模擬當「阿波羅 1 號」飛船與火箭脫離之後，其內部的供電系統能夠繼續工作。在測試過程中，運載火箭和太空船都沒有裝載燃料，所有煙火系統都被禁用，被認為是一個沒有危險、很安全的常規測試步驟。

當時 3 名太空人已經穿上太空衣，全副武裝、準備就緒。他們躺在「土星 1B 號」運載火箭頂部的「阿波羅 1 號」指令艙中，等待「拔除插頭」。地面控制站突然聽見太空人報告「駕駛艙內發生火警」。人們反應過來後，卻來不及打開艙蓋，只經過短短的 10 幾秒鐘，通話在一個痛楚的叫聲中結束了。

這是美國太空計畫中的第一次傷亡，誰也沒料到會發生事故，但事故卻發生了。到底是什麼原因造成火災呢？

雖然是未注燃料的模擬測試，太空船中的環境與平時的生活環境仍然大不相同，在這次事故中，產生關鍵作用的是百分之百的氧氣環境。氧氣是人類生存的必要條件，但空氣中含氧太多、太純，卻容易造成危險，一個小小的火花便可能引起大災難。這次事故便是因為在太空船內一大堆電線某處產生的一個小火花引發的。在指令艙駕駛員座位下有一段鍍銀銅電線，經常與相關的掩門反覆摩擦，使電線的鐵氟龍絕緣保護層被剝離了一部分，因此在工作時產生了小火花。艙內的純氧環境使火花迅速蔓延，最後造成了災難。當然，太空船的結構也有問題，諸如艙蓋難以打開這類的應急措施，也亟須改進。

其實蘇聯也發生過一次純氧環境中的類似事故。1961 年 3 月，蘇聯太空人加加林的好朋友邦達連科結束一次試驗後，用一個棉團蘸著酒精擦拭皮膚。擦完後，他將棉團隨手丟在旁邊的小電爐上。在百分之百氧氣的隔絕氣壓艙裡，小火苗立刻騰地躥起，邦達連科瞬間變成火人，後因搶救無效而死亡。此事故比「阿波羅 1 號」的災難早發生 6 年，但因蘇聯嚴格保密，美國人毫不知情，否則也是有可能吸取些教訓的。

5. 小小 O 形環造成的災難

1986 年 1 月 28 日，美國「挑戰者號」太空梭從卡納維拉角升空 72 秒後爆炸，包括一名普通女教師在內的 7 名美國太空勇士喪生，見圖 27-4（a）、（b）。

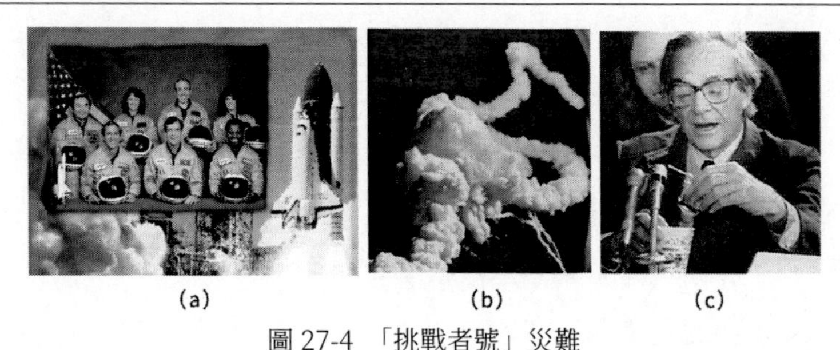
(a) (b) (c)

圖 27-4 「挑戰者號」災難
（a）「挑戰者號」上的 7 名太空人；（b）太空梭爆炸；（c）費曼對 O 形環做冰水實驗

太空梭是結合飛機特點的太空船，目的是作為一種往返地球與外層太空、可以多次重複使用的載人交通工具。它們的外形像飛機，有機翼。這樣在一定的情況下，比如返回地球大氣層降落的過程中，可以像飛機一樣產生升力，提供空氣剎車的作用，降低墜落速度，方便安全使用。

在起飛時，太空梭跟其他一次性使用的太空船一樣，用火箭動力垂直升入太空。「挑戰者號」使用固體推進器達到這個目的。美國是唯一曾經用太空梭載人進入太空的國家。「挑戰者號」是執行任務的第二艘太空梭（第一艘是「哥倫比亞號」），它成功地在地球和太空之間往返 9 次，共繞行地球 987 圈，在太空中總共停留 69 天。不幸的是，卻在第 10 次任務中，起飛 72 秒後就解體爆炸，讓 7 名太空人魂斷藍天。

那是一個特別寒冷的天氣。太空梭升空 42 秒時，看起來還一切正常，航速已達每秒 677m，高度 8,000m。50 秒時，曾有人發現太空船右側固體助推器附近冒出一絲絲白煙，但這個現象沒有引起人們的注意。在第 72 秒，高度 16,600m 時，太空突然閃出一團亮光，通訊中斷，地面監控器螢幕上的數據消失了。目擊者見到太空梭已經變成一團火焰，2 枚失去控制的固體助推火箭脫離火球，呈 V 字形噴著火向前飛去，眼看要掉入人口稠密的陸地。還好太空探險中心負責安全的軍官手疾眼快，在第 100 秒時，透過遙控裝置將它們引爆，避免傷及更多無辜。

「挑戰者號」失事了！價值 12 億美元的太空梭頃刻化為烏有，7 名機組人員全部遇難，觀看的人群哭聲一片。

經過周密、仔細的調查後，人們發現發生事故的直接原因非常簡單，居然與發射時天氣太寒冷、氣溫太低有關！

著名物理學家理查．費曼參與了這次事故調查，並向公眾演示了一個簡單的「冰水實驗」，用以解釋事故背後的物理原因，見圖 27-4 (c)。

在固態火箭推進器上，為了密封，使用了幾個橡皮材料製成的 O 形環墊圈，旨在防止噴氣燃料的熱氣從連接處洩漏。由於太空梭發射時氣溫過低，其中一個 O 形環失效。也就是說，低溫下，橡膠失去了彈性，不能達到密封的作用。從而使熾熱的氣體漏出，點燃了外部燃料罐中的燃料，最後導致爆炸的連鎖反應。

費曼將一個 O 形密封環稍作擠壓後置入冰水內，放置一段時間後取出，發現橡膠環過了好幾秒鐘都無法恢復原來的形狀。這個生動的實驗演示說明了事故的原因。

實際上在發射前，已有技術人員提過這個問題，但未引起決策人員的重視。另外，人們認為這種橡膠材料是用來承受燃燒熱氣，而不是用來承受寒冷的，所以 O 形密封圈從來沒有在 50°（10°C）以下測試過，這種種管理上的失誤，導致了慘劇發生。

6.「哥倫比亞號」災難

「哥倫比亞號」是比「挑戰者號」更老的太空梭，它體型龐大，機艙長 18m，能裝運 36t 重的貨物，價值 40 億美元，從 1981 年就開始服役。它已經飛行了 28 次，算是美國太空梭中戰功彪炳的老大哥。在「挑戰者號」爆炸 17 年之後，「哥倫比亞號」也走上了類似的路，在返回地球時失事，機上 7 名太空人全數罹難（圖 27-5（b））。

(a)

(b)

圖 27-5 「哥倫比亞號」發射時的裂口（a）和 7 位太空人（b）

那是「哥倫比亞號」的最後一次任務。它於 2003 年 1 月 16 日升空，在太空中過了 16 天，7 位太空人順利地完成了各自的科學考察任務，準備於 2 月 1 日返回地球，卻不料在最後一刻出事。

最痛心的是他們的家屬，他們都在甘迺迪中心等待觀看那激動人心的成功降落，迎接他們離別了 16 天的親人，卻看到了難以置信的悲慘一幕。

事故雖然發生在太空梭的返回降落過程中，其原因卻是在 16 天之前的發射過程中造成的。在太空梭發射升空 81.7 秒後，外部燃料箱外表面掉落的一塊隔熱泡沫撞擊到飛機左翼前緣，損壞了太空梭的防熱系統，形成裂孔，見圖 27-5（a）。當太空梭 16 天之後重返大氣層時，超高溫氣體得以從裂孔處進入「哥倫比亞號」機體，造成太空梭解體、機毀人亡的悲劇。

參考文獻

[1] 維基百科・萬戶［OL］・https://zh. wikipedia. org/wiki/% E4% B8%87% E6%88% B7.

[2] 顧誦芬，史超禮・世界太空探險發展史［M］・鄭州：河南科學技術出版社，2000：180-234.

[3] NANCY ATKINSON.13 Things that Saved Apollo 13［OL］・http://www. universetoday. com/62339/13-things-that-saved-apollo-13/.

[4] 維基百科・航海家計畫［OL］・https://zh. wikipedia. org/wiki/% E8%88% AA % E6% B5% B7% E5% AE% B6% E8% A8%88% E7%95% AB.

[5] JOHN E. Prussing，Bruce A. Conway，Orbital Mechanics［M］・Oxford Univ. Press，1993.

[6] 張天蓉・蝴蝶效應之謎——走近分形與混沌［M］・北京：清華大學出版社，2013.

[7] Minor Planet Center［OL］・http://www. minorplanetcenter. net/.

[8] 維基百科・第 22 太陽週期［OL］・https://zh. wikipedia. org/wiki/% E7% AC% AC22% E 5% A4% AA% E9%99% BD% E9%80% B1% E6%9C%9F.

[9] 張天蓉・永恆的誘惑——宇宙之謎［M］・北京：清華大學出版社，2016：123-148.

[10] 維基百科・希爾球［OL］・https://zh. wikipedia. org/wiki/% E5% B8%8C% E 7%88% BE% E7%90%83.

[11] MISNER C W，THORNE K S，WHEELER，J A. Gravitation［M］・San Francisco： W. H. Freeman.1973: 875-876.

[12] 張天蓉・蘋果落地是因為時空彎曲嗎［N/OL］・人民日報・2015-06-04.（016）http://paper. people. com. cn/rmrb//html/2015-06/04/nw. D110000 renmrb_20150604_4-16. htm.

[13] 張天蓉・上帝如何設計世界——愛因斯坦的困惑［M］・北京：清華大學出版社，2015：123-148.

[14] JACOB D B. Black holes and entropy［J］・Physical Review D，1973，7（8）：2333-2346.

[15] HAWKING S W. Black hole explosions?［J］・Nature，1974，248（5443）：30-31.

[16] 倫納德・薩斯坎德・黑洞戰爭［M］・李新洲，等，譯・長沙：湖南科技出版社，2010：155-210.

[17] ALMHEIRI A，MAROLF D，POLCHINSKI J，et al. Black Holes: Complementarity

or Firewalls?［J］· J. High Energy Phys，2013：2，062.

[18] HAWKING S W，PERRY M J，STROMINGER A. Soft Hair on Black Holes[J]· Phys. Rev. Lett，2016：116，231301.

[19] 維基百科 · 木星［OL］· https://zh. wikipedia. org/wiki/% E6%9C% A8% E6%98%9F.

[20] 伽利略 · 星際信使［M］· 徐光臺，譯 · 臺北：天下文化出版公司，2004.

[21] MISSION J，DESIGN T. Juno-Spaceflight101［OL］· http://spaceflight101.com/juno/juno-mission-trajectory-design/.

[22] Wikiwand. 測地線效應［OL］· http://www. wikiwand. com/zh-mo/% E6% B5%8B% E5%9C% B0% E7% BA% BF% E6%95%88% E5% BA%94.

[23] POUND R V. REBKA JR G A. Gravitational Red-Shift in Nuclear Resonance[J]· Physical Review Letters，1959，3（9）: 439-441.

[24] IORIO L. Juno，the angular momentum of Jupiter and the Lense-Thirring effect［J］· New Astronomy，2010，15（6）: 554-560. arXiv：0812.1485.

[25] WILL C. Relativity at the centenary［J］· Physics World，2005：27-32.

[26] 張天蓉 · 引力波與黑洞［J］· 自然雜誌，2016，38（2）: 87-93.

[27] 張天蓉 · 引力波為物理學樹立新的里程碑［J］· 科技導報，2016，34（3）: 57-59.

[28] 張天蓉 · 蝴蝶效應之謎—— 走近分形與混沌［M］· 北京：清華大學出版社，2013.

[29] 丁玖 · 中國數學家傳（第六卷）李天岩［OL］· http://www. global-sci. org/mc/issues/2/no3/freepdf/15s. pdf .

[30] EARTHSKY. Pluto』 s moons tumble in chaotic dance By EarthSky［OL］· http://earthsky. org/space/plutos-moons-tumble-in-chaotic-dance .

[31] 維基百科 · 西尼 - 惠更斯號［OL］· https://zh. wikipedia. org/wiki/% E5%8D% A1% E8% A5% BF% E5% B0% BC% EF% BC%8D% E6%83% A0% E6% 9B% B4% E6%96% AF% E5%8F% B7.

[32] LAKDAWALLA E.實驗室模擬土星北極的六角星雲［OL］·http://www. planetary. org/blogs/emily-lakdawalla/2010/2471. html.

[33] 維基百科 · 火星探測［OL］· https://zh. wikipedia. org/wiki/% E7%81% AB% E6%98%9F% E6%8E% A2% E6% B5%8B.

[34] PETRANEK S L. 如何在火星上生活［M］· 鄧子矜，譯 · 臺北：天下雜誌股份有限公司，2016.

[35] 維基百科 · 火星殖民［OL］· https://zh. wikipedia. org/wiki/% E7%81% AB % E6%98%9F% E6% AE%96% E6% B0%91# cite_ note- autogenerated1-19.

從人類飛出地球的那天開始：

研發火箭、登月行動、前進宇宙、太空漫遊……這是一本人類至今的太空探索成果報告，請過目！

作　　者：張天蓉
發 行 人：黃振庭
出 版 者：崧燁文化事業有限公司
發 行 者：崧燁文化事業有限公司
E-mail：sonbookservice@gmail.com
粉 絲 頁：https://www.facebook.com/sonbookss/
網　　址：https://sonbook.net/
地　　址：台北市中正區重慶南路一段六十一號八樓 815 室
Rm. 815, 8F., No.61, Sec. 1, Chongqing S. Rd., Zhongzheng Dist., Taipei City 100, Taiwan
電　　話：(02)2370-3310
傳　　真：(02)2388-1990
印　　刷：京峯數位服務有限公司
律師顧問：廣華律師事務所 張珮琦律師

定　　價：330 元
發行日期：2023 年 10 月第一版
◎本書以 POD 印製

國家圖書館出版品預行編目資料

從人類飛出地球的那天開始：研發火箭、登月行動、前進宇宙、太空漫遊……這是一本人類至今的太空探索成果報告，請過目！/ 張天蓉著 . -- 第一版 . -- 臺北市：崧燁文化事業有限公司 , 2023.10
面；　公分
POD 版
ISBN 978-626-357-669-8(平裝)
1.CST: 太空科學 2.CST: 歷史 3.CST: 通俗作品
326.09　112014962

電子書購買

臉書

爽讀 APP